MOVING FORWARD

考｜拉｜小｜巫｜著

走下去，便是前程万里

河北出版传媒集团
河北科学技术出版社
· 石家庄 ·

图书在版编目（CIP）数据

走下去，便是前程万里 / 考拉小巫著. -- 石家庄：
河北科学技术出版社，2021.1

ISBN 978-7-5717-0562-6

Ⅰ．①走… Ⅱ．①考… Ⅲ．①人生哲学－通俗读物
Ⅳ．①B821-49

中国版本图书馆 CIP 数据核字（2020）第 215959 号

走下去，便是前程万里

ZOU XIAQU,BIANSHI QIANCHENG WANLI

考拉小巫 著

出版发行	河北出版传媒集团　河北科学技术出版社	
地　　址	石家庄市友谊北大街 330 号（邮编：050061）	
印　　刷	北京美图印务有限公司	
经　　销	新华书店	
开　　本	880mm×1230mm　　1/32	
印　　张	8	
字　　数	250千字	
版　　次	2021年1月第1版	
	2021年1月第1次印刷	
定　　价	49.80 元	

奋斗吧，人间值得

2003年，是我奋斗旅程开启的第一年。那一年，我上大一。经历了高考的失败，茫然无措地来到一个新环境，对自己的未来一无所知，毫无方向。直到认识了郑老师和好友胖咸鱼，人生轨迹从此改变。这一年，我终于顿悟到，人这辈子只有自己能为自己负责，过去欠下的努力早晚得补回来。只有脚踏实地的付出才能改变命运，而这个改变必须从现在开始。

2004年，奋斗的第二年。那一年，我上大二。艰难地矫正了之前懒散无力的状态，开始学习如何规划生活。渐渐地，我喜欢上了有目标的人生，尤其喜欢那种完成目标之后的成就感和满足感。那一年，我和胖咸鱼结成了强大的学习联盟，平日里不断监督和鼓励着对方。谁会想到，由于如此简单的原因而走到一起的两个人，会在若干年后的今天，成为彼此生命中不可或缺的角色。那一年，由于老师和朋友们的影响，我在心里种下了出国留学的种子。那个时候，它真的只是一颗种子而已，将来是否能开花结果，我心中全无把握。

2005年，奋斗的第三年。那一年，我上大三。上半年我被选中去北大做交换生，在那里度过了难忘又震撼的半年。这段经历让我真切地意识到自己只是一个井底之蛙，但同时也彻底激发了我的斗志。有句话说得好，最可怕的事不是别人比你优秀，而是本来就比你优秀的人竟然比你更努力。从北大回来后，我更加深信，对于既不是含着金钥匙出生，又并非天赋异禀的我来说，踏实奋斗是唯一的出路。要想这辈子不再继续平庸下去，就得从今天起更加努力。

2006年，奋斗的第四年。那一年，我上大四。大学前三年的辛苦付出终于得到了回报，我成功获得了保研名额。实力尚欠火候的我与梦想中的北外擦肩而过，但还是幸运地被北二外录取了。动荡的毕业季，身边的同学不久就四散各地。胖咸鱼搁置了出国的计划，选择毕业后先积攒些工作经验。我突然变成了孤苦伶仃一个人，又一次过上了漫无目的、懒散十足的生活。为了给自己找事做，我加入了伊甸园字幕组，激情昂扬地投身到了光影的世界中。我开通了新浪博客，这一写，就是十多年。当初写下第一篇博文时，无论如何都没有料想到这个博客会长成今天的模样，受到这么多人的喜爱。这又一次证明，当你完全忘记目的和结果，单纯因为喜欢而去做一件事，并全心享受做事的过程时，那个结果最后总会把自己装扮美丽，优雅地走到你的面前，给你一份大大的惊喜。

2007年，奋斗的第五年。那一年，我终于大学毕业了。回想当年刚入学时，根本无法想象未来的四年要如何度过，可眨眼之间自己就要离去时，心中又有百般不舍。现在回想起来，我最感恩的就是这个校园，如果不是它，我就不可能认识郑老师和胖咸鱼，人生也一定会因此而变样。事实证明，你曾经无比反感憎恨的事，很可能会在若干年后以某种方式成就一个更好的你。这一年，我离开了生活了二十三年的家乡，来到北京读研究生。为了心中的出国梦，我在新环境里又一次过上了苦行僧的生活。虽然每天的生活乏味无聊，但那是我实践梦想的真实写照。曾经的我已经为急功近利、心浮气躁的态度吃够了苦头，我真的害怕自己会重蹈覆辙。

2008年，奋斗的第六年。那一年，我上研二。出国申请的路一直都在艰辛地走着，考了这辈子再也不想碰的考试，写了这辈子再也不想读的文书。无数次修改，无数次满意，又无数次推翻重来。无数次在深夜疲惫地回到宿舍，躺在床上忐忑地问自己，万一辛苦过后什么都得不到，我的退路是什么？当我发现根本没有退路的时候，又第N次在第二天大清早挣扎着起来去上自习。事实证明，做一件事时不能过多考虑后果，只能在做好规划后勇敢地冲出去，告诉自己不到终点绝不回头。后来，我终于走到了终点，如愿以偿地收到了企盼已久的录取通知书。那一刻，一切的一切都值了。

2009年，奋斗的第七年。那一年，我终于实现了梦寐以求的出国梦，来到了美国读研究生。在这里，我之前对它的所有幻想、猜测、白日梦以及先入为主的教育观，都被不同程度地颠覆了。我的生活状态、做事习惯、沟通方式，甚至是之前因为成功而略显骄傲的心态，都被彻底改变，完全清零，一切从头来过。我开始艰难地迈出在新环境里的第一步，慢慢学着如何依靠自己去解决一切困难。这一年，可能是过去七年中最艰辛的一年，但却是我成长最快的一年。我摔了很多跟头，并在一路的跌跌撞撞中逐渐强大起来。

曾在微博上看到过一句话，大意是说，出国最大的收获不是语言或学业，而是那种无论把你放在哪里都可以独立生存的能力，以及阅尽人世后更宽容更谦逊的人生态度。这也是我个人的最大体会。这种能力是无法在温暖的被窝中练就的，必须把你独自一人扔到陌生的环境中才能得到历练。事实又一次证明，韧性好的弹簧只有在被挤压到没有余地的时候，才能弹跳得最高。

2010年，奋斗的第八年，来美国的第二年。那一年，我在华盛顿大学读研二。整日在教室、图书馆、实习机构和宿舍之间来回穿梭，无限循环地过着一天又一天。那年的年末，我正式毕业了，辛苦付出了无数个日夜后，终于拿到了学位证书。那一刻，其实远不如自己之前想得那么激动，毕业的兴奋感也只持续了几天而已，继而便被对未来的忧虑取代。毕业并不代表奋斗的结束，它反而是连接着另一段人生旅程的起点。

2011年，奋斗的第九年，来美国的第三年。利用毕业后的空闲时间，我写了人生中的第一本书《考拉小巫的英语学习日记》，这是我以前想都没有想过的机遇。从那以后，我就在写作的这条路上一直走了下去。那一年，我终于成功找到了人生中的第一份全职工作，正式成为美国挂牌的临床心理咨询师。初次拿到机构为我制作的名片时，一切都像做梦般不真实。那种终于可以靠自己养活自己的感觉，实在太好了！

2012年，奋斗的第十年，来美国的第四年。那一年，我在美国工作已经整整一年了。起初工作的感觉差极了，多年重建起来的自信心体系被打击得支离破碎。我开始努力找回之前平和的奋斗状态，耐心地从每日的一点一滴中重新积累。我认真地对待着手头的每个案子，并努力从中找寻出自己所擅长的并把它发扬光大。渐渐地，很多关键的临床能力在不知不觉中被一点点培养了起来。长久的奋斗让我懂得了一个道理：如果你想做什么事，就去做，从现在开始。对于实现梦想来说，重要的是"做"，而不是"想做"。那一年，胖咸鱼结束了在国内近五年的工作，顺利申请到美国读研究生。虽然我们不在一个城市，但我们离彼此更近了。

2013年，奋斗的第十一年，来美国的第五年。我和大乔二人回国补办了我们的中式婚礼，大乔第一次圆了自己的中国梦。我们二人努力工作，我经过两年半的付出终于成功攒够了考取高级心理咨询师所需的3000个工作小时数，拿到了我的高级执照。从旧机构辞职之后，我和大乔又回了一次国，去陪伴我的父母，并有史以来第一次做了一次背包客，共同游遍祖国的大好河山。

2014年，奋斗的第十二年，来美国的第六年。生活回归正轨后，我重新找到了一份新工作，在新机构里继续认真踏实地积累工作经验，在临床能力方面成长了不少。同年，我写的第二本书《考拉小巫的留学成长日记》正式出版了。年中时，我去芝加哥参加胖咸鱼的毕业典礼，看着她通过努力终于顺利结束了在美国的学业，真心为她感到骄傲和开心。这一年，我满三十岁了。三十岁的跨年之际，我正式成为了一名准妈妈，老天爷给了我和大乔一份最美好的礼物——小乔。

2015年，奋斗的第十三年，来美国的第七年。我在机构的工作依然有条不紊地进行着，而生活方面却发生了天翻地覆的变化。和乔爸乔妈一起住了五年之后，我和大乔终于有了属于我们自己的房子。搬家、装修，忙得不亦乐乎。夏天时，全家企盼已久的小乔终于出生了，我的人生因为有了她而体验到了从未体验到的天伦之乐和幸福美满。

2016年，奋斗的第十四年，来美国的第八年。这一年里，我非常努力地去尝试平衡工作和家庭，然而机构的改革促使我开始认真考虑辞职创业的事情。虽然这是一个无比艰难的决定，但当终于做好决定的那一天，肩膀立刻卸下千斤重担。年末时，我正式从机构辞职，走上了创业的道路。生活又开始变得多姿多彩，我因为生活中的万千可能而无比期待未来。

2017年，奋斗的第十五年，来美国的第九年。这一年是我人生职业发展道路上的分水岭，因为我梦想多年的个人心理咨询工作室终于顺利成立了。我不但把它做起来了，还把它的规模扩大了。现在回想起来，这一年也许是我在个人能力方面成长最迅猛的一年。又一次应了那句话：当你感到痛苦、艰难、郁闷、悲伤，想拿刀子插自己的时候，就说明你在走上坡路。这一年走的上坡路实在太多了，但也正因如此，才有幸在山坡最高点的时候看到了很多美妙的人生风景。

2018年，奋斗的第十六年，来美国的第十年。个人工作室越做越好，已经走上了正轨。我依然有规律地记录着自己的生活，想要去启发并帮助更多同样想去实现梦想的人们。生活方面，年末时小乔被诊断为选择性缄默症一事，从各个方面改变了我的人生轨迹。我度过了无数个不眠之夜，泪水、愤怒、迷茫、无助，充斥着我的心灵和大脑。我不知道这样的事为什么会发生在我的身上。但是，我们是小乔的父母，如果我们不去尽力帮助我们的孩子，那还有谁会去帮助她？于是，为了帮助我们的孩子寻找到她勇敢的声音，这一年年末，我们决定彻底改变我们的生活方式。

2019年，奋斗的第十七年，来美国的第十一年。这一年，从很多层面来讲，对我和我的家庭都是意义非凡的。从职业上来说，我经过了四年的努力，终于正式拿到了EMDR（眼动脱敏再处理疗法）的认证，成为一名EMDR治疗师。从个人爱好上来说，我出版了个人的第三本书——心理学入门级读物《其实你很好》，用最简明易懂的语言和大家分享了如何管理自己的情绪、改善人际关系，并提高个人自信心。第一次以心理咨询师的身份去写书，有一种非常神奇并令人满足的感觉，我内心无比渴望未来用更多心理学方面的知识去帮助更多人。

这也是小乔治疗选择性缄默症的第一年。我们把这一年戏称为我们家的"勇敢元年"。同一年里，我们先后两次去纽约与专家见面，回来以后我几乎每一天都陪小乔练习勇敢地说话。经过了这件事，我才意识到原来老天爷赐予我临床敏锐性不单单是要我去帮助我的来访者，更重要的是要我去帮助我的孩子。一年后，小乔在战胜选择性缄默症的道路上向前迈出了一大步。

2020年，奋斗的第十八年，来美国的第十二年。回想起当年初到美国时在盘中吃到的那片干面包，真的很难相信那已经是十多年前的事情了。十二年在漫长的人生中并不是一段特别长的日子，但你若站在一点向外望去时，又会觉得十二年根本就是一段望不到边际的岁月。写这篇引言时，我以为回忆过去十多年的岁月会很困难，一些细节一定会变得模糊不清，但动笔时才发现这些年的每个瞬间都如此历历在目。

十多年前，不到二十岁的我整天只懂得在自习室里背单词、做习题和分析试卷，生活枯燥乏味，而且根本看不到未来。未来的我会在哪里，会和谁在一起，会做什么，一无所知。那个时候，每当我和胖咸鱼因为坚持不下去而想要放弃的时候，就会像下面这样和彼此对话。

胖咸鱼：你说咱俩将来到底能出国不？

考拉小巫：不管能不能出，也得先咬牙坚持下去啊，要不然人都"死"在半路上了，还咋知道大结局啊？

胖咸鱼：如果未来真的能一起出国，那该有多酷啊。一想到那个画面，我就激动得不行了！

考拉小巫：是啊，我仿佛看到咱们在纽约时代广场相聚，虽然想假装镇定，但到时候肯定会激动得拥抱在一起尖叫的！

胖咸鱼：哈哈，你这么一说，我顿时觉得动力十足了！

考拉小巫：我也是！哎，咱们还是继续背单词吧，要是连今天的任务都完不成，就算嘴皮儿说破了，国也是出不了的！

对话结束后，我们又从白日梦的王国回到了现实中，继续着眼下枯燥乏味的学习。那个时候，类似的对话几乎每天都在上演。出国这个"白日梦"做了这么多年，一直支撑着我们走到了今天。

今天的我，来美国已经十多年了。胖咸鱼也已经在美国找到了工作，并且结婚生子。我们虽然分别两地，没法像大学时那样每天待在一起，但是频繁聊微信和煲电话粥的习惯这些年从未改变。我们总会在一个普通午后的通话中，感慨这些年的经历和生活的改变。

考拉小巫：你敢相信此时此刻咱俩竟然同时在美国吗？

胖咸鱼：完全不敢相信……

考拉小巫：你还记得以前咱俩上大学时每天背单词背到吐的日子吗？那个时候完全不知道未来能不能出国。每次实在背不下去的时候，咱俩都会用白日梦的那套说辞说服自己继续努力。真的没想到，咱俩以前的梦想，现在竟然都成真了……

胖咸鱼：是啊，真是令人难以置信。以前特别想知道未来会发生什么，没想到以前渴望的未来竟然就是现在了。

考拉小巫：而且你敢相信咱俩都已经结婚生子，都已经为人妻、为人母了吗？

胖咸鱼：完全不敢相信……我总感觉咱俩好像还是二十多岁。

考拉小巫：你敢相信咱俩其实已经认识彼此十七年了吗？

胖咸鱼：完全不敢相信……时间怎么过得这么快啊？会不会一转眼，咱俩就都已经是八十五岁的老太太了？

考拉小巫：天啊，咱俩的对话真的是既科幻、又真实，既恐怖、又搞笑。咱俩应该找个办法把咱俩的对话记录下来，以后等真到了八十五岁的时候重新听听咱俩的对话，那该多有意义啊？

胖咸鱼：这个主意简直太好了！

就这样，为了纪念我们的友谊，为了纪念我们彼此的成长，我们于2020年正式在网上开设了属于我们二人的vlog话题，夸张地把它命名为"末路狂妈vlog"。"末路"二字代表着我们的年龄已经不再年轻了，但是"狂"字可以很完美地形容我们的心理状态。虽然我们已经是孩儿她妈了，但我们依然敢拼，敢闯，爱冒险，爱挑战。

这正如我过往的奋斗历程。过往的十几年里，我尝试了无数种未知，虽然走得很艰辛，却从不后悔。兰迪教授曾经说过，在追寻理想的道路上，我们一定会撞上很多墙，但这些墙不是为了阻挡我们，它们只是为了阻挡那些没有那么渴望理想的人们。这些墙是为了给我们一个机会，去证明我们究竟有多想得到那些想要的东西。

我曾经也撞上过很多墙，并因为这一堵又一堵障碍物而倍感受挫，但是我每翻越过一面墙，自己就会变得更强大一些。如果给我重来一次的机会，我一定会选择一模一样的生活方式，因为如果没有这些墙，如果没有这些翻越高墙的经历，就不会有我的现在。

过去的十几年里，我上了学、毕了业、工了作、结了婚、生了娃。未来的十几年里，又会发生什么事？2030年的我，又会在哪里、在做什么？

2030年的我，已经四十多岁了。现在想来，四十出头是一个完全不敢想象的年纪。希望那个时候的我，依然可以如此幸福地爱着，依然可以充满童真地和小乔一起探索世界，依然可以和好友们像今天这般亲密无间。希望那时的我，已经实现了开办密苏里州第一家选择性缄默症治疗中心的职业梦想，去帮助更多像小乔这样的孩子找回自己勇敢的声音。希望那时的我，依然保持着用文字记录生活的好习惯，并依然和胖咸鱼开心地录制着我们的末路狂妈vlog。希望那时的我，可以更加自由地往返于中美两国之间，用更多的时间陪伴我的父母。希望那时的我，不要总是在照镜子时担心脸上的皱纹，可以像我的妈妈那样做一个有自信有气质的女人。希望那时的我，已经有能力带着家人四处旅行，让"环游世界"四个字不再只是空谈……

想着这些美好的白日梦，就觉得对未来充满了无限的期待和憧憬。活在这个世界上真的很幸福，有那么多事可以做，那么多梦想可以去实现，那么多平凡的幸福等着去慢慢享受。能够生活在这个伟大的时代，做我妈妈爸爸的女儿，做大乔的妻子，做小乔的妈妈，并拥有这样一群死党，我真的觉得无比幸福、满足和感恩。

奋斗吧，朋友们，人生值得。祈愿我和无数个你们，都一直永不停步地行进在人生宽广的大路上。

序

选择做一个乐天派

此时此刻，我坐在电脑前，翻阅着自己写过的三本书稿，感觉陌生又熟悉。

回想我写书的这些年，第一本书《考拉小巫的英语学习日记》算是我的"长子"，因为是第一次写书，所以它对我来说意义非凡，我格外珍惜。最新的一本书《其实你很好》算是我的"幼子"，是我最花心思、最倾尽心血去撰写的一本书，因此我也无比珍视。而《考拉小巫的留学成长日记》这本书卡在它俩中间，不上不下，显得有些尴尬。前不久当我拿起它的时候，我才突然意识到，这本书出版之后，我甚至都没有认真翻过它。

时间一晃而过，距离它最初的出版竟然已经六年了。六年之后的某一天，我第一次读这本书，眼眶里居然不知不觉泛起了泪光。那是一种说不清道不明的情愫。俗话说，人总是好了伤疤忘了疼。现在已经旅居美国十年有余的我，早因为时间的流逝而忘记了当初刚来美国时的艰辛和不易。这本书里的一字一句，就像是我眼前正在放映的一

13

部老电影，瞬间把我拉回了那段过往的回忆当中。即便是在读自己的故事，但心情也依然会跟着故事情节起起落落。我会因为重忆起了某段心酸的过往而心生感慨，也会因为回想起某件快乐的往事而哈哈大笑。

一口气把整本书读完后，发现故事的结尾停止在了2013年，那已经是七年前了。过去的七年里，发生了很多事，我的人生做出了无数个大大小小的改变，每一件都想和大家分享。随着思绪，我的双手自然而然地开始在键盘上飞舞，紧接着旧版故事的结尾处继续写下去。于是，就有了这本《走下去，便是前程万里》。

在这本书里，我大刀阔斧删减掉许多旧内容，又重点增补了2013年辞职后在我生活里发生的故事：第二次找工作时的惊险历程，小乔的出生，以及最后自己为何会下定决心从机构辞职去自主创业。我非常详细地分享了自己创业的全部历程——个中艰辛、走过的弯路，以及自己的一些心得体会。此外，我还回忆了和大乔、小乔的一些有趣故事，以及我对自己未来职业道路的规划。

 作者有话说

Hi，我是考拉小巫。第一次在书里用视频与大家见面，好神奇！快来参与答题互动，我带着神秘礼物等候你！打开微信扫一扫右侧二维码，听我说说游戏规则吧。

终于撰写完新内容后，再从头读过时，内心不禁感慨，感慨自己在不经意间真的长大和成熟了许多。其实小时候的我很怕辛苦，拒绝长大，拒绝成熟，因为当时的我觉得那意味着责任，而我只想当一个简单的乐天派，开心轻松毫无负担地活着。

现在的我才明白，真正的乐天派并不是完全没有责任和负担，也并不是永远顺风顺水的。他们也会遭遇困境，平时也会遇到烦心事，但是他们会选择以一种积极的态度去面对生活。即便知道困难，依然愿意去挑战；即便结果未知，依然愿意去尝试。这才是真正的乐天派。没想到，在美国这十年多的经历和奋斗，竟然在无意中使我从一个伪乐天派变成了一个真乐天派。这也算是一个意外的收获吧。

我真心希望这本书能被更多人看到，从而给更多人带去信心和希望，企盼更多人能从中找寻到追求梦想的勇气和力量，并在通往梦想的大路上披荆斩棘。

考拉小巫

2020年6月于美国密苏里州圣路易斯市家中

1 Part × 人生拐点：
我们总会走到下一个路口

2 Part × 学生当有学生的样：
我在异乡克服学业的壁垒

3 Part ✕ 工作是块难啃的糖：
我在摸爬滚打中成长

4 Part ╳ 最好的时间，安家立业：
人生是无数挑战和幸福的交织

2009年1月

part

人生拐点。。

我们总会走到下一个路口

答题赢彩蛋

用微信扫一扫二维码，
收集获得彩蛋的通关密码

踏上陌生的征程

此时此刻，我已经登上了飞往国外的航班。面前座椅靠背上的小屏幕闪着暗暗的光，上面赫然显示着"目的地美国"的字样。我盯着屏幕傻傻地看了很久，心里有种说不出的感觉。

很久以前，我在心底深处埋下了出国留学的种子。为了这个梦想，我奋斗了无数个日夜，坚持过，放弃过，跌跌撞撞一路走到现在。整个过程中的一幕幕依稀感觉就像发生在昨天，而今天的我，竟然马上就要飞往地球的另一端了。一切都来得太快，让人猝不及防，不知所措。我静静地坐在座位上，脑海中不断闪现着过往生活中的画面。不同的场景一帧一帧地在我眼前划过，像一部生动的电影正在上演。

三十分钟前，我独自一人在登机口前等待。我意识到从这一刻起，自己就要真正过上独立的生活。十三个小时后，我将抵达一个完全陌生的国家，展开全新的生活。而我对那片土地却一无所知。

一个小时前，我忐忑地在安检处排着队。放眼望去，冗长的蛇形队伍里几乎全都是学生模样的人。我和他们一样，从此便成了留学群体的一员。有史以来第一次经历这么复杂的安检，我全无经验，焦急地脱大衣，手忙脚乱地从行李箱里取出手提电脑，搬行李，拿文件……终于顺利通过安检之后，又着急忙慌地收拢好所有行李，跑到大厅的一角重新整理。当所有的行李和文件终于重归原位后，我已是满身大汗。

三个小时前，我和妈妈爸爸一起来到首都机场T3航站楼办理登机手续。候机时，大家热络地聊着天，好像是因为知道未来一年都不能再聚，每个人都显得话特别多。谈话中，大家不约而同地避开了"离别"这个字眼，我更是谨慎地把这个敏感话题捧在手上，生怕它一不小心坠落在地，会把大家伤离别的心刺得支离破碎。

临近登机时，我们站在安检口互相叮嘱了很久。我尽量控制住泪水，强笑着和父母依依道别。拥抱过后，我向他们使劲挥挥手，然后迅速转身离开。转身的那一刹那，泪水洒满了我的脸颊，但我根本没敢回头多看一眼，独自一人拉着行李箱，向前方的未知快步走去。我心里暗暗想，今天与家人的短暂分别，是为了追寻我的梦想，也是为了明日更好的团聚。我一定要好好奋斗，不让家人失望。

一个月前，我结束了所有的留学申请工作，开始焦急地等待大学的回信，企盼能被自己最心仪的学校录取。终于，在初冬的一天里，梦想的种子竟然开花结果了，我幸运地被圣路易斯华盛顿大学录取，攻读社会工作专业的硕士学位。当天从网上查到录取结果后的复杂心情，直到今天回想起来都依然鲜活如初。

三个月前，我拼命地准备着留学申请的各种材料。个人陈述、写作样本、简历、推荐信、学业计划书……一个又一个任务压得我喘不过气来。我认真地撰写着每份文书，写了改，改了写，来回不知道折腾了多少遍。有时晚上做梦，还会梦到自己淹没在一沓沓厚重的A4纸中，完全无力从中逃脱。

半年前，我制伏了GRE。一年前，我拿下了托福。

一年半前，我来到北京上研究生。

五年前，我的奋斗历程正式开始。

十年前，我正在上中学。那时，我不可救药地喜欢上了来自澳大利亚的动物考拉。我阅读了很多关于它的文章，收集了各式各样的考拉图片，还给自己起了"考拉小巫"这个网名。从那时起，我就立志将来一定要出国，盼望有生之年能亲眼见到真正的活考拉。

回想到这里，我扑哧一下笑出了声，原来我小时候的出国梦竟然源自一个小动物。不过，因为那时的我没什么远大志向，所以出国这个概念在当时也仅仅只是一个白日梦而已。接下来的很多年里，我过得浑浑噩噩，直到在读大学时认识了恩师郑老师和挚友胖咸鱼，人生轨迹才彻底改变。从那时起，出国便不再只是一个白日梦，它渐渐地变成了一个切实可行的计划和目标。后来，个人兴趣和专业影响等多方面的力量激励着我在这条路上越走越远，最后终于看到了光明。

十年后的今天，我踏上了飞往美国的航班。曾经无数次的向往，今天终于要实现了。可是，美国到底是什么样子的？美国人又是什么样子的？他们说话我能听懂吗？我说话他们能听懂吗？我去的学校又是什么样的？老师讲课我能跟得上吗？美国的同学们会喜欢我吗？我能适应那里的生活吗？在国外的一切会顺利吗？这一走，可就真的没有退路了，我放弃了国内拥有的一切，去一片陌生的土地从头来过，这么做到底值得吗？去了那里以后，我会后悔吗？这个决定，真的正确吗？一系列乱七八糟的问题在我的脑海里挥之不去。

当下的我既憧憬未来，又忧虑现实。兴奋、紧张、期待、忐忑、不舍、担忧、害怕……千丝万缕的情绪紧紧地交织在一起，我坐在飞机座椅上一动也不能动。

突然，飞机开始滑行了，机舱里响起了英文广播，提醒乘客进行起飞准备。我迅速从回忆的思绪中缓过神来，关闭手机，调好座椅，系好安全带。从狭窄的舷窗向外望去，飞机正在缓缓地滑行至起飞跑道。几分钟后，它开始沿着跑道越跑越快，引擎的轰鸣声越来越大。我的双手不由自主地握紧了座椅扶手，心咚咚地猛烈跳着。我看到机场航站楼迅速向后倒去，不到一分钟，我们已经飞翔在半空了。舷窗外，视野里的北京变得越来越小、越来越远，很快便消失在了视线中……

我闭上眼睛，深吸一口气。

祖国，再见。

美国，我来了。

梦想变成一片干面包

在飞机上不知白天黑夜地度过了十三个小时后，当我的双脚再次踩到地面时，已经是美国时间的傍晚了。飞机降落后，同机的中国学生纷纷向彼此道别，从芝加哥机场陆续转飞到美国的其他城市。这也是我最后一次在美国见到这么多张熟悉亲切的中国面孔。

当我终于顺利通过美国海关，找到下一趟航班的登机口时，已经精疲力竭。我找到一个靠角落的空位坐下，这时候才有时间从慌乱紧张的状态中抽身而出，好好感受一下身边正在发生的一切。抬起头环顾四周，看到对面墙上有一幅大型广告牌，上面赫然用英语写着"Welcome to Chicago"（欢迎来到芝加哥）的字样。我心里咯噔一下，心想：我现在居然已经在美国了……

向四周看去，发现身边没有一个中国面孔，墙上连个中国字都找不到。从我身边走过的人们，一个个全都是高鼻梁大眼睛的外国人，各种肤色，各式样貌，高矮胖瘦，行色匆匆。我安静地坐在冰冷的座位上，试图用表面强装出来的沉着冷静来掩饰内心的紧张忐忑。说实话，当时我只是僵硬地坐在那里，根本不敢有任何大幅度的动作，那种感觉就像是一个外乡人初次来到一座陌生的大都市，生怕做出什么有违常规的事而惹来不必要的麻烦，所以只能小心谨慎。

看着眼前的一切，我开始回想，以往那么辛苦地背单词，拼命地准备申请材料，盼星星盼月亮，为的就是能有这么一天。现在，这一天竟然已经来到了！我用手摸着胸口，发现并没有心跳加速的感觉。梦想实现了，为什么我丝毫不感到开心和兴奋呢？不但没有觉得开心和兴奋，当我看到眼前一张张陌生的面孔时，心里反而感到有些排斥和失落。总之，梦想成真的感觉和我起初想象的一点儿都不一样。谁能想到，刚刚降落在美国的我，连身下所坐的长椅都还没有捂热，就已经开始盘算着回家的一天了。

陷入沉思后，时间反而过得特别快，机场广播很快便通知我们开始登机了。于是，又经过了一个多小时的飞行后，我终于顺利抵达了目的地——密苏里州的圣路易斯市——我未来的第二故乡。

降落在圣路易斯时，时间已经接近午夜时分。几经周折，我终于安全到达了事先租好的公寓，拖着沉重的行李箱踉跄上楼，和新舍友匆匆做了自我介绍。因为极度疲劳和缺乏睡眠，我的大脑好像已经停止工作了。于是，连行李都顾不上收拾，简单洗漱后，我便在自己的新屋倒头就睡了。

尽管前一晚已经累到了极致，但我还是在第二天的凌晨就自然醒了。睁眼一看，竟然才清晨五点多。本想睡个回笼觉，但竟翻来覆去怎么也睡不着了。脑子稍微清醒后，我才意识到自己只是躺在一张干硬的床垫上。听着屋外的寒风呼啸，顿时情不自禁地想念起了我在中国的家，以及卧室里温暖的软枕和暖和的鸭绒被。我环视了一下四周陌生的环境，一股落寞顿时涌上了心头。

躺了没多久后，肚子开始了叽里咕噜的抱怨，于是我强打着精神从床上爬起身来。冬日清晨的卫生间里冷极了，我从水龙头里接着冰凉的水洗脸刷牙，之后习惯性地走进厨房找东西吃。一打开冰箱，发现里面摆满了各种陌生的蔬菜、水果和剩饭，这才突然意识到这里没有任何一样东西是属于我的。于是，我赶快关上了冰箱门，百无聊赖地拖着懒散的脚步走回了卧室。

说是卧室，其实并不准确。为了节省生活费，我租住的是这间公寓的阳台。阳台间大约十五平方米，狭窄的空间里只摆了一张床和一个简易的床头柜，另外一边立着两个大行李箱和一个小拉杆箱，其余所有零碎的东西都散落在地上。冬天的天亮得晚，早晨五点多的时候，从屋里向窗外望出去，漆黑一片，什么都看不清。只有我屋内的灯亮着，显得与周围的环境那么格格不入。

我无奈地坐在床边，心头沉沉的，一时之间不知道该做些什么，那种手足无措的感觉现在回想起来依然让人觉得有些惶恐。我给自己打气说，没关系，就当是"实战演习"了，我应该赶快把自己调整到"生存模式"才对。今天是我在美国的第一天，从今天起，我没有任何人可以依靠，一切只能靠自己。如果第一天就丧失斗志，那未来的两年还怎么撑下去呢？况且，这难道不是自己当初的选择吗？既然是自己的选择，一切后果就得由自己来承担，绝不能在关键时刻打退堂鼓。

想到这里，心里头顿时多了几分勇气。我迅速收拾好行李，找出自己事先兑换好的、看起来依然觉得陌生的美元纸币，手拿地图，便出门去觅食了。由于前一晚从机场回宿舍时已是午夜时分，当时并没有仔细看清这座城市的模样，现在正好有机会去一睹她的芳容。这么一想，心里突然有一种莫名的期待和兴奋。

圣路易斯的冬日，寒风凛冽，直袭脊骨，即便身穿羽绒服，依然会觉得冷风像锋利的尖刀一样划过我浑身上下的每一寸肌肤。我独自一人步行了很远，认真打量着一路上经过的每栋公寓和每条街道。然而，每经过一个路口或转过一个街角时，眼前看到的景象就使我内心的失落感又加重了一层。

我所在的这条街道并不宽敞，街两旁的建筑普遍偏矮，放眼望去，最高的楼房好像也不超过四层。虽然每条街道都打扫得十分干净，但不知为什么却显得格外荒凉萧索。狭窄的双向两车道上，来来往往只有三五辆车的影子。街上的行人更是少得可怜，除了偶尔从我身边经过的遛狗人之外，就再也没有看到其他行人了。

总之，整条街给人的感觉，就像是一座被废弃已久的古城一角。我的心头一凉，不禁纳闷：为什么真实的美国和好莱坞电影里演的完全不一样呢？根本没有高楼林立、车水马龙、门庭若市的感觉。总听网上的人们说，真实的美国其实是地地道道的"大农村"，难道我真的来到了传说中的"大农村"？

我一边纳闷一边疾走着，想尽快找到一个能让自己填饱肚子的地方。虽然街两旁低矮的房檐下挤满了林林总总的商户，但可能因为是周日的关系，大多数商户此时都不开门。寻寻觅觅了很久之后，终于幸运地看到远处一家小店的玻璃上挂着"营业"的招牌。谢天谢地，终于有一家是开门的了！粗略地看了一眼店名，叫什么"圣路易斯面包公司"，心里顿时乐开了花。我特别爱吃面包，尤其喜欢老家甜点屋里卖的手工面包，既松软又可口，堪称人间美味。想到这里，我觉得全身都要融化了，于是迫不及待地推门而入。那一瞬间，我为自己选择了这家店来享用来美国之后的第一顿早餐而感到由衷的满足。柜台后一个金发碧眼的美国帅哥接待了我。他亲切地问候我早安，我很不习惯地从嘴里挤出一句"Good morning"（早上好）。这是我来美国以后第一次和真实的美国人说英语，感觉既别扭又尴尬。帅哥问我想点些什么，我赶忙从包里拿出眼镜戴上，抬头往墙上那张又大又长的英文菜单望去。

天啊，这份菜单实在太古怪了，冗长复杂尚且不说，里面布满了各种各样稀奇古怪的面包或菜式名字，很多单词都是我从未见过的（后来才知道很多菜式名字都源于法语或意大利语）。再看一眼价钱，我立刻倒吸了一口凉气：$5.99，$6.99，$7.99，$8.99……心里默默地把价格乘以八后（2009年初，美元兑换人民币的汇率大约是1:8.2），发现这里的面包全都是天价。一个面包竟然就要四五十元人民币，简直就是打劫！我难道误入黑店了吗？当即心里纠结成一团。

帅哥认真地看着我，礼貌地说："别着急，慢慢来。"我嘴里嘟囔着"我想点……嗯……请给我来一份……"，但脑子里却空空如也，根本不知道自己想点什么、能点什么。帅哥耐心地问："需要我给你一些建议吗？"我点头回应他，并感谢他的解围和推荐。于是，帅哥为我推荐了一款全店最受欢迎的早点套餐，我只能一咬牙一跺脚用高价买下了它。

等餐的时候，我找了全店角落处最不起眼的位置坐下，开始好奇地观察周围的人们。如果说店外寂静萧索的大街和我心里的美国形象相去甚远的话，那么眼前店内的环境倒是很符合我脑海里美国应有的样子。店内不规则地放置了大大小小很多张桌子，几乎每张桌旁都坐满了各式各样的美国人。有的在认真地吃早点，有的在边读报纸边品咖啡，左边一桌围坐了一群学生模样的人正有说有笑，右边一桌的情侣正在低声细语。

那个时候，我觉得自己仿佛变成了透明人。眼前没有一张熟悉的面孔，甚至连我习惯的黑头发搭配黑眼睛的长相也已经完全消失。耳朵里能听到并不熟悉的美国音乐，以及尚听不太懂的英文聊天。柜台里的一个服务员正在制作咖啡，一波又一波黑咖啡的味道越过柜台，霸道地钻入我的鼻孔，刺鼻的气味迫使我打了一个喷嚏。那一刻，我突然感觉自己根本不属于这里，稀薄的归属感顿时让我无所适从。我第一次因为只身一人来到了一个完全陌生的国度而觉得自己如此疯狂。

突然，有人叫了我的名字。赶快回过神来，原来是轮到我去取餐了。我心想，管它归属感不归属感呢，先填饱肚子再说。饿了这么久，饥饿肚皮的诉求终于要得到解决，顿时有种释然的感觉。我机械地从座位上弹起，三步并作两步来到柜台前。从服务员手上接过餐盘的时候，我着实愣了一下。餐盘的正中央放着一个圆形面包，面包中间已被掏空，里面盛放着某种热气腾腾的汤类。旁边颤颤巍巍地立着一个三明治，毫不夸张地说，它是由一根牙签串起的两片面包和一片蔬菜叶组成的。此外，餐盘上还躺着一个小苹果。我满腹疑虑地问服务员："这就是我点的全部早餐吗？"服务员笑着点了点头说："是的，希望你喜欢，祝你好胃口！"

我小心翼翼地端着餐盘回到了我的安全角落，坐稳后，便开始和早餐对看。曾几何时，我觉得吃西餐是一件既文艺又有品的事儿，现在终于要在美国大陆吃一顿纯正的美式西餐了，心里却感觉怪怪的。对这款已被掏空的面包欣赏许久过后，我毫不犹豫地大口咬了下去。可刚咬到一半，我就停住了——这面包实在太硬了。那硬度，几乎让我笃定这块面包一定是在外面冻了一个晚上后刚被拿进屋的。既然咬不动，我便笨拙地拿着刀叉从不同角度进攻它，可最后还是以失败告终。

面包咬不动，那就直接趁热喝汤吧，至少这个汤是这一餐中唯一发热的物体，不能把它浪费了。可是，小尝了一口后，发现汤里过于浓重的奶酪味实在令我难以接受。面包咬不动，浓汤喝不惯，三明治至少应该是可以下咽的吧。可是，那三明治却是我这辈子吃过的最硬、最干、最无味的三明治了。在我尝试咬面包片的时候，它就在一瞬间粉碎了，碎渣掉了一桌子。无奈之下，我只能拿起盘中唯一能吃的那颗苹果，开始用力地啃了起来。

苹果很凉，凉在嘴里，冷在心里。我又一次抬起头环顾四周的人们，他们一个个看上去都那么开心，那么自信，谈笑风生，海阔天空。每个人都津津有味地享受着自己盘中的食物，显得那么满足。而我呢，可怜巴巴、饥寒交迫地坐在这个孤独的角落，傻傻地盯着一盘貌似丰盛、价格不菲，却令我难以下咽的早饭。饿，整个苹果啃完了，我还是饿得发慌。我把三明治的面包片挑出来，蘸着浓汤强忍着怪味把它吃下。就在咽下面包片的那一刻，一滴眼泪莫名其妙地从我的眼眶中掉了出来。紧接着，一滴，又一滴……一滴滴眼泪滑过我的脸上，生疼。现在想想，这真是一个既戏剧化又矫情的场面。就在那个瞬间，我第一次为我所做出的选择而感到后悔。

我一定是疯了吧。当初到底为什么要来美国？为什么要辛辛苦苦不远万里到这儿找罪受？现在好了，饿的时候吃不上热腾腾的排骨烩菜，闷的时候身边也没有好友可以倾诉。我自己一个人要在这里孤苦伶仃地度过未来的两年时间。这，简直就是天底下最无趣的黑色幽默。

　　吃完早饭，算着时差，我给国内的妈妈打了第一个电话。电话响了很久，正当我以为妈妈已经睡了想挂断的时候，电话那头突然传来了一声温柔的"喂"。那一瞬间，我的眼泪又像决堤的大坝一样迸流出眼眶。泪里有想念、委屈、无奈、害怕，无数说不清道不明的复杂心绪纠缠在一起。我捂着嘴嘟囔出一句"妈，是我"，生怕她听出来我在哭。妈妈连声问我是否已经安全到达，我手抹着眼泪，强装出笑意道："到了到了，安全安全，一切都很顺利。这里……特别好，妈妈放心吧。等我安顿好以后就给你发照片，将来我一定带妈妈也来看一看。"

　　挂上电话后，我开始放声痛哭。

　　美国啊，你曾经是我心底深处的一个梦，可谁知道你其实只不过是一片咬不动嚼不烂的干涩面包片而已。

　　漫长的一天过去后，又是一个辗转难眠的夜晚。

以体验的心情过人生

第二天清晨天刚蒙蒙亮，我又莫名其妙地自然醒了，时差真是作弄人。照照镜子，眼袋大得惊人，疲惫与沧桑顺着昨晚痛哭时留下的泪痕在脸上肆意地生长着。战争还未打响，我就把自己摧残成这副德行，实在是出师不利。看着手机里的月历，里面的每一格都代表着一天。可是，我连今天要做什么都还不知道，接下来漫长的两年到底要怎么过啊？想着想着，瞬间有一种快要窒息的感觉。

正在床上发呆时，手机突然响了，把我从毫无意义的沉思中拽了回来。一看手机提醒，今天是周一，要去学校办理入学手续。天啊，这么大的事儿，差点儿被我忘了！顾不上给之前复杂的思绪做个了结，我便赶快强打精神收拾东西准备出发去学校。

从宿舍步行至校园的这条小路非常幽静，路两旁排满了一栋栋三层楼的民宅。因为这是通往学校的必经之路，所以能看到很多学生模样的人三两结伴着往学校方向走去。我跟随在他们身后，一个人在冷风中低头快步行走着。当时脑子里想的全部都是诸如"我该怎么办？我该怎么适应这里的生活？"之类的问题，感觉面前挡了一座很高的大山，却完全不知道该如何去征服它。

步行了大概二十多分钟后，眼前出现了一座过街天桥，很明显能看到天桥的那一面是直通校园的。看到这座天桥时，我心头突然产生了一种莫名的熟悉感。回想在国内上本科和研究生时，两个校园回宿舍的路上都有着模样相仿的天桥。那个时候，我每天也是像现在这样来往于天桥的两端，一晃就过了将近六年的时间。我看着眼前这座陌生却熟悉的桥，心里思量着：在这样陌生的地方，竟然也可以遇到似曾相识的事物，人生真是有趣。

我突然想到，为什么一定要悲观地看待眼前发生的一切呢？食物吃不惯又怎么样？身边没熟人又怎么样？每年有千千万万的留学生离开祖国，去往世界各地，大家不都是这么过来的吗？既然大家都可以做到，我也一定能行。既来之，则安之。我要是被自己心中的恐惧击败，那岂不是不战自降的愚蠢做法？我不应该怀疑自己是否可以存活下来，而应该要问自己该怎么存活下来。人的意志力可以和小草相媲美，一撮小草能从岩石缝中顽强地生长出来，我要是连这样的困难都无法克服，岂不是连一棵草都不如？

就在那一秒，我的脑中突然产生了一个神奇的想法：我要把这一切当成一个游戏来玩。我，是游戏的主角。我所处的环境，是游戏的场景。我的目标，就是通过克服大大小小的困难来增加自己的经验值，最后去战胜终极老怪。这么一想，心里就不那么忐忑了，反而多了一些期待，期待遇到新鲜的人和事，期待自己能在这片陌生的大地上慢慢成长、成熟、壮大。事实证明，当我用体验的心情去经历一件陌生的事，而不是以完成任务的心态去面对它时，往往能帮助我消除一些内心里的负面情绪。

各种各样的思绪吞云吐雾般地在我的脑海里翻滚着，不知不觉，我已经来到了学校。我认真端详着校园里的每一幢建筑，深深被这整齐利落、带有欧式古典建筑风格的楼宇群震撼了。虽然这些建筑物都不高，但精致镶嵌的石头墙面依然给人一种威严的感觉。从远处看，它们像极了欧洲十八世纪中叶的古堡或是哈利·波特的魔法学校。

校园大极了，每幢楼都长得极其相似。我拿着地图找了很久，才终于找到了社会工作学院所在的那幢楼。虽然看上去并不高大，但进到楼里以后，我才发现它的内部如一个小型迷宫般错综复杂。眼看新生培训的时间就要到了，我却还没找到指定的教室，急出了一头汗。很多次想鼓足勇气去询问别人，但每当对面的人快要和我擦肩而过时，我就又非常怯懦地扭头逃走了。最后实在没办法了，才胆怯地敲响了走廊尽头一间办公室的门。

小小的办公室里只坐着一位正在电脑前工作的女老师。我小声向她打招呼，介绍说自己是新生，来参加新生培训，却找不到指定的教室。她马上站起身来欢迎我，并给了我一个大大的拥抱，热情得让我措手不及。她先是口述了一遍路线，后来担心我会忘记，便把路线画在了一张纸上，之后还是不放心，就干脆放下手头的工作，亲自陪我走到新生培训的教室门口。告别时，女老师还逗乐地安慰我说："别担心，我在这儿工作十多年了，还经常在楼里迷路呢。下次要是再迷路，一定要去找我，我的办公室就是走廊尽头的那一间。"她笑着向我挥挥手，扭身走掉了。她是我来美国后第一个主动帮助我的美国人，我却连她的名字都不知道。

走进新生培训的教室后，我惊呆了。教室并不大，一些零散的桌椅被临时摆放在一旁，只有教室正中央摆了一圈椅子。因为我来得有些晚，整个一圈几乎已经坐满，大概有十三四个人，清一色都是美国女生。我纳闷地想，难道新生培训不是老师站在台上讲一堆规章制度之类的，学生坐在台下听吗？这种围圈坐的座位摆放形式，明显就是要让大家进行互动，可我真的还没做好这个准备。

我蹑手蹑脚地走过去，迅速找一个座位赶快坐下。观察了一下，培训老师好像还没到，大家都只是在闲聊罢了。我暗自打量着身边的同学们，虽说是"同学"，但好像她们的年龄看上去相差很大，有的貌似和我同龄，有的好像已经三四十岁了。看着她们一对一对聊得那么投入，我有些怀疑她们是不是之前就彼此认识。

这是我有史以来第一次和一群美国人近距离地坐在一起，感觉特别别扭。大家都是金色或浅棕色的头发，只有我一个人留着一头乌黑的长发；大家都是雪白的皮肤，只有我一个人是黄皮肤；大家都说着极其流利的英文，谈笑间看上去是那么自信，只有我一个人默默地坐在一旁不作声响，显得格外突兀。我第一次意识到，虽然面前坐着一群外国人，但其实我才是这里唯一的"外国人"。想到这里，突然感觉如坐针毡，尴尬异常，自卑感油然而生。

我也说不清当时为什么会有那种感觉，总之从那天起，这种挥之不去的自卑感就形影不离地跟了我很久。每当我对自己没把握，或感觉无法掌控当下局面的时候，这股可恶的自卑感就会隐隐约约地涌上来，压得我喘不过气。当时就是这种感觉，想要逃离，但又无处可逃，只能硬着头皮僵在那里。我觉得自己应该找些事儿做才对，好让自己显得不要过于"与众不同"。于是，我若无其事地找出笔记本，在上面写写画画，摆出一副"我也很忙"的样子。

没过多久，一位中年女子轻盈地从门外走了进来。她个头偏矮，梳着精干的棕色短发，脸上挂着大大的微笑，热情洋溢地跟同学们说了一句"欢迎大家"。原来，她就是我们的任课教授之一——安娜，同时也是今天培训项目的负责人。听她介绍完后，我才确定，在我眼前的所有人都是2009年社会工作学院春季入学的新生们，她们也将会是我第一学期的同班同学。全部新生被分成两个小组参加培训，我所在的便是其中一组。

说实话，安娜一进门时，我全身紧绷的状态便得到了放松。我心想：她这一开口，至少也得讲一个小时吧，我只需要听着就可以了，只要她一讲完，我就可以赶快闪人了。没想到，短暂的介绍过后，安娜发话了："亲爱的同学们，我介绍完毕了，今天的培训活动正式开始。大家先轮流做一下自我介绍吧。"听到"自我介绍"这个字眼时，我那正飞舞在纸间的笔突然僵住了……

原来，真正尴尬的部分才刚刚开始……

还没等我反应过来，坐在安娜老师旁边的一位女生已经开口了。听着大家的自我介绍，我才发现，原来我的同学里既有哥伦比亚大学新闻学院毕业的牛人，曾在《纽约时报》担任资深编辑长达五年之久；又有同时握有社工学士学位、法律学士学位和哲学硕士学位的学霸；更有参加过各式各样活动的传奇人物。每听完一个人的介绍，我的大脑就被震撼一次，但面前的她们在传递信息时，脸上却是一副云淡风轻宠辱不惊的样子。

无法逃避地，我内心的自卑感又无形地加重了一层。我感觉自己的左脑正在被这些牛气冲天的履历信息轮番轰炸着，右脑却不得不紧张兮兮地想着自己到底要如何介绍自己。眼看快轮到我了，我的脑子却还在放空。有那么一瞬间，我仿佛只能看到她们的嘴巴在飞速地动着，耳朵却什么都听不到，只能听到自己的心脏越跳越快，越跳越快，咚咚，咚咚……

突然，身旁的女生戳了我一下，我赶快回过神来，才发现大家的目光正齐刷刷地看着我——原来已经轮到我了！我感觉自己的脸瞬间红到了耳根，双手紧紧地抠在一起，一脸茫然，不知所措。安娜老师微笑地看着我说："轮到你了。"我又想道歉，又想感谢，一时之间语无伦次。一个大大的深呼吸后，我把脑子里能想到的句子拼凑在一起，不顾语法地一口气说了出来。

"大家好，我来自中国，我的英文名字叫Joy。我的第一位英文老师看我特别爱笑，总是很快乐，便为我取了这个名字。我是前天晚上刚到美国的，这是我第一次独自一人来到一个完全陌生的国家。我对这里的一切都还很不适应，比如食物、天气和语言。你们看，我现在完全是一副语无伦次的样子。"

说到这里，大家开始接二连三地为我鼓掌，并齐声说道"欢迎来到美国"。她们赞扬我说得好，并鼓励我继续说下去。我一边跟着她们紧张地假笑，一边迅速在脑海里搜寻其他值得一说的东西。

"说实话，我是一个很普通的人，没有什么听上去很厉害的个人经历。来美国之前，我在中国读本科，学的是英语专业。即便如此，现在的我还是感觉在语言方面非常吃力，因为我从来没有用英语在全英文的环境中学习和生活过，但是我会努力适应的。之所以选择攻读社会工作专业的硕士学位，主要是因为我希望未来所做的工作可以从真正意义上帮助到他人。不过，说实话，我之前并没有社会工作专业方面的教育或工作背景，因此对这个领域依然还很陌生。希望未来两年里可以多多学习、多多实践，向自己的梦想更近一步。很高兴认识大家！"

别看我在这里打下的是一串看似工整得体的句子，其实当时讲话的时候，我却是满脸通红、手心出汗、声音发抖、语无伦次……很多词组和句子都是颠三倒四翻来覆去，组织了很久才把想表达的意思将就着讲明白了。终于发言完毕后，千斤重担从肩头卸下，深深地松了一口气，这真的是我有史以来做过的最紧张的自我介绍。

自我介绍之后，安娜又带着大家做了很多帮助彼此熟悉对方和建立感情的游戏。全部培训结束后，已经是下午四五点钟了。我顺着原路独自步行回家的时候，天空已经开始飘雪了，一片一片的雪花无声无息地落在地上，小风吹起来，让人感觉格外的冷。回宿舍的路上，我又陷入了一阵沉思中。

你看，当你身处新环境时，每天的所见所闻全都是新的。一件事无论看上去有多么细微，它都足以震撼你的整个内心世界。回想起刚才在教室里经历的一切，那可恶的自卑感又非常恰合时宜地跳出来向我示威了。我仿佛听到它在嘲笑我说：你看看，你现在的同学们都是真真正正的牛人，你和人家比起来，简直渺小得可笑啊。

是啊，我太渺小了，我能拿什么跟人家比呢？我既没有辉煌传奇的经历可以炫耀，又没有扎实可靠的实力可以抗衡，就连该如何用流利标准的英文表达心里最简单的想法好像都不会了。以前在国内读英语专业时，我曾自信地认为自己还算比较优秀，可到了美国后，却崩溃地发现这唯一令我引以为傲的东西也被撼动了。加之几天以来经历的文化冲击带给我的影响太大，梦想和现实之间瞬间产生了一种很夸张的落差，巨大的压力随之而来。

其实，那种压力现在看来是很荒谬和可笑的，当时我的反应也显得有些矫情。但是，对于那时二十几岁、没有见过什么世面的我来说，当时的那种相对压力却是那么真实，那么强大，每分每秒都压得我喘不过气来。我觉得自己的内心世界在被一点点颠覆，突然找不到任何理由可以让我自信地立足在这片陌生的大地上。

说实话，我曾经天真地以为自己能被美国名校录取是一件很了不起的事，以为结束了之前的留学考试和申请后，我就可以轻松快乐地去体验富有异国情调的生活了。谁曾想，一个结束通向另一个开始，自从我双脚踏上美国大陆后，之前的所有成就便全部清零了。我作为一个人所拥有的行为模式、认知体系、自尊心等一切都要被洗牌归位，从头来过。不但如此，我的生活里还多了语言和文化这两大障碍。心头的压力和紧迫感，可想而知。

越是这么想，压力就越大。正当我快要随着负面情绪的旋涡深陷下去的时候，突然回想起了妈妈爸爸在临行前对我的一些叮嘱。我想到妈妈总给我讲的"小马过河"的道理，想到爸爸给我讲的"与己斗而不与人斗"的道理，这才突然意识到自己又莫名其妙地纠结在"我应该拿什么跟人家比"这个愚蠢的问题上了。

其实，目前问题的症结根本不在于自己与别人的比较，而在于自己该如何超越自己。如果用积极的思维去考虑问题的话，那么我目前所有的劣势其实都可以被转化为优势。比如，我本就是一个中国人，现在却用第二语言在一个陌生的国家生存，这是多大的进步。再比如，我本就是英语专业出身，现在却跨到社会工作专业来读硕士，这也是极大的进步。虽然我在很多方面都不如同班的美国同学，但纵向和过去的自己比较的话，我真的已经进步很多了。如果每一个今天的我都能比昨天的我有所进步，哪怕这个进步只有一点点，长久积累下去的话，量变一定会带来质变，事情也一定会有所转机！

回想当下的自己，怨天尤人、顾影自怜、消极愤懑，不但浪费时间，对解决问题也没有丝毫的实质帮助。虽然现在的处境很艰难，但只要能战胜困难生存下来，那么我就会变得更强大。

我又回想起新东方老师很著名的那句话：当你觉得痛苦、艰难、郁闷、悲伤，想拿刀子插自己的时候，就说明你在走上坡路。现在的我，就是在走上坡路，因为我的人生正处在一个至关重要的转型期。我根本没有必要感到自卑，因为在这个陌生的国度，无论我做出怎样的突破，对我个人而言都会是史无前例的进步。

尼采说得好，凡是不能杀死你的，都能让你更强大。只要我在这里存活一天，我就不能再畏首畏尾下去。我要大胆，我要泼辣，我要拿出许三多"不抛弃，不放弃"的精神。我不但要从这片土地上重新站起来，我还要在这里生根、发芽、枝繁叶茂。

想到这里，我裹紧脖子上的围巾，一步一个脚印扎实地迈在雪里。

当雪真正下起来之后，天气反倒不那么冷了。

明天，又是崭新的一天。

2009年1月 — 2010年12月

学生当有
学生的样。

我在异乡克服学业的壁垒

答题赢彩蛋

用微信扫一扫二维码，
收集获得彩蛋的通关密码

学业是一场硬仗

正式开学前的晚上，我突然收到招生委员会发来的一封邮件，说这届新生里有另外一个女生也来自中国，并给我提供了她的联系方式。这个消息就像一株救命稻草，及时拯救了正在沼泽地里孤独挣扎的我。原来，之前新生培训时我们被分到了不同的组，所以才没有碰到彼此。

这个女生叫小艺，第一次见到她是在新学期的第一堂课前。当时，小艺正在教室门口等我，她短头发，白皙皮肤，黑色镜框，干干净净的样子看上去十分清秀。看到她时，我迅速跑过去打招呼，两人热情地拥抱在一起，共同因为在陌生的地方找到同胞而欢呼。

走进教室后，我发现教室座位的摆放方式是U形的，即除黑板的方向外，学生的座位沿教室的另外三面墙壁依次排开。显然，这种座位摆放形式有利于师生之间更直接的交流，但对于目前希望尽量减少互动频率的我来说，这简直就是一种酷刑。环视一圈后，我和小艺挑了靠墙角的两个座位并排坐下。

新学期的第一堂课，自然逃不掉让人两腋生汗的自我介绍。虽然这一直都是一件让我发怵的事，但经历了几天前的"预演"后，这次的状况稍微好一些了。听完了全班二十多人的自我介绍后，老师便给每人发放了这门课的教学大纲，这是一份大概十五页左右的文档。伴随着老师的讲解，我开始认真翻阅教学大纲。让我惊讶的是，这份大纲详尽地介绍了本学期这门课的所有授课内容，每周分别会讲什么，要达到怎样的教学目标，每周需要学生阅读哪些课外书，分别要交哪些课堂作业，以及每份作业的规定和评分标准。

必须得承认，已经在潜意识里习惯了应试教育和考分至上原则的我，当时的第一反应就是飞速翻到教学大纲里关于评分标准的部分，因为我迫不及待地想要知道到底如何才能在这门课上拿到高分。你看，当时刚到美国读书的我，依然改不了视考分如命的习惯。谁能想到，未来两年里接受的美国式教育，会彻底颠覆我的教育观。

仔细阅读之后，我发现，这门课的满分也是一百分，只不过一百分的分值被非常平均地分配到了出勤率、平日课堂表现、每周个人单独作业、小组作业、期中论文及期末论文上。也就是说，平日不努力，只盼着期末临时抱佛脚便想拿高分的情况，在这里是不可能出现的。我们必须在每节课上都积极发言，并对每份作业都非常用心，才能取得好成绩。

讲解完教学大纲后，老师便马不停蹄地开始了正式的授课过程。在讲授专业内容时，老师所说英文的语速之快、内容之多、用词之专业，着实给了我一个下马威。她总是热情洋溢地来一长串论述，然后若有所思地抛出一个深邃的问题，供大家讨论。在我还没把她之前的讲解咀嚼透彻，根本没时间去思考她的提问时，美国同学们就已经展开了激烈的讨论。每当我对某个同学的发言还一知半解时，就发现在座的很多人已经开始点头附议了。总之，可能是因为我还没有习惯美国老师的授课风格，或是因为我对课程内容非常陌生，又或是因为当时我的情绪有些紧张，半堂课下来，我只听懂了大概一半的内容。

下半段课程里，我决定变换听课策略。都说好记性不如烂笔头，我决定尝试把听到的东西尽量记下来，之后再利用课下时间温习。没想到，真正开始实施这套战略时，我才发现我的听说读写四种能力是完全无法兼容的。当我专注听课时，就没法用心记笔记，要是趁机记一段狂草，耳朵往往会错过很多其他的重要信息。发言就更不用提了，当我的耳朵接收到老师的信息，经过大脑分析思考后形成观点，再迅速组织一个稍能见人的英文句子，准备鼓起勇气发言时，整场讨论早已进入到下一个话题了。下课时，我和同样是云里雾里的小艺面面相觑，除了自我介绍外，只有我们两个人在这堂课上没有任何发言。

我拖着疲惫的身子走出教室，整个人感到精疲力竭，像是打了一场持久战一样。虽然整堂课不到两小时，但我还是因为不得不全心倾注其中而感到精神高度紧绷。我突然意识到，除了语言和文化以外，我在未来两年中要应对的另一场硬仗，就是学业。然而，对于该如何面对举步维艰的未来，我依然手足无措，全无方向。

静下心来，活在当下

新学期的第一周，我已经忙得不亦乐乎。生活方面，购置家具、收拾宿舍、买菜、开通手机业务和银行账户等，各种杂七杂八的琐事占据了我所有的空余时间。学习方面，上了四门不同的课，经历了四次对自信心的严重摧残。我感觉自己的生活正经历着全面的崩塌——旧的生活回不去，新的生活不习惯。我找不到方向，找不到目标，整个人的状态都糟透了。和小艺探讨之后，我们决定一起去找本校的中国留学生请教经验。

又一次见到熟悉的面孔后，我犹如在黑暗的地道里找到了一盏指明方向的明灯，欢喜地手舞足蹈。我问学长自己到底该如何适应美国的环境，学长笑了笑说："现在刚开学，暂时还没有作业要交，所以你才有闲工夫去担心这些问题。等再过几周彻底忙起来后，你就不会为'如何适应环境'这样的小事烦心了。"我连忙反驳道："这可不是小事呀，要是无法适应环境，做什么事都没法安心。"学长耐心地安慰道："不要担心，不要郁闷，等真正忙起来后，你自然就会明白了。"

握着这个模糊的答案，我近乎绝望地跑到另一个学姐那里请教经验，渴望她能给我传授一些只有过来人才知道的"秘诀"。

没想到，学姐也安慰我说："每个人最初都是一样的，慢慢就习惯了。"学姐和我分享说，她起初刚来的时候感到的是震惊，后来是疲惫，再后来是麻木，当一切快要结束时，才悄然发现自己已经强大了许多。临走时，学姐鼓励我说："无论发生什么，要努力静下心来，活在当下。"

"静下心来，活在当下"，我捧着她给我的八字箴言，像找到宝一样。简单的八个字，却是如此铿锵有力，掷地有声。其实，静静想来，自从来到这里后，我仿佛一直都在抱怨，抱怨环境像大农村，抱怨食物糟糕难吃，抱怨老师讲话太快听不懂……除了抱怨和消极接受外，我是否主动做过什么去改变现状呢？没有。其实，要是积极思维，就会发现有很多事是我可以做的：不喜欢这里的环境，可以换种角度去欣赏异国文化的美；不喜欢冰冷的西餐，可以主动学做饭喂饱自己的中国胃；害怕听不懂课程，可以提前充分预习功课……我本可以做很多事去改变现状，但我却什么都没有做，只把宝贵的时间浪费在了无谓的抱怨上。

美国精神病学家库柏勒·罗斯曾提出，人类面对死亡时会经历五个心理阶段：否定、愤怒、协商、抑郁和接受。

我对留学生活的适应仿佛也经历了这样一个过程。我在中国生根发芽，正当要枝繁叶茂之时，却被连根拔起，移植到了一片陌生的土壤中。起初，我否定了改变的需要，以为只要我行我素按部就班就可以了。但是，新环境中的温度不同，湿度不同，连周围的空气也变了味道。于是，我崩溃地发现旧有的思维和行为模式根本无法让我适应这个新环境。因此，我焦虑了，紧张了，愤怒了。可是，耍脾气闹情绪是无济于事的。

我只能和自己协商，以为只要多给我一些时间，自然就会适应好。但是，无作为的消极接受显然力度不够大，直到跟学长学姐聊完后，我才飞跃到了接受的阶段。

其实，每个初到新环境的人都会经历这样一个蜕变和转型的过程。要想在异质的环境中生存下去，就必然得经历阵痛，只不过阵痛程度的大小因人而异罢了。人，也正是在经历了这样的阵痛后，才能慢慢变强大。

记得在开学时，院长说过这样一句令人印象深刻的话：布朗学院（即社工学院）不希望她的学生为了拿A而机械地学习；相反，她希望每个学生都能热爱知识，体验文化，并从中真切地享受学习的快乐。院长的话让我想到了自己出国的初衷：当时做此决定，就是想走出去感受别国的文化和生活，从而拓宽眼界，增添阅历，并在专业方面得到长足进步。

可是，自从来了美国后，我就迷失了，以为只有表现得比别人优秀才算是没有白来，因此我先是盲目拿自己与他人比较，后又强求门门功课都拿高分，导致压力猛增。

院长的话把我敲醒了。多年来接受的教育让我误以为只有拿了高分才算是"好学生"，仿佛学习就是为了考试成绩，久而久之竟然忘记了学习的真正意义。

我突然意识到，我应该找回自己对学习的兴趣，学会体验学习的快乐。我不能继续把自己封闭在宿舍里，整日愁眉苦脸地想着该如何写出一篇能得A的论文。相反，我应该走出去，去欣赏这里不同的文化和风土人情。毕竟，除了书本知识以外，一个人每天所做的事、所接触的人和所游览的地方，都是一种学习。社会，本身就是一间大课堂。

想清这些事情之后，我的心态发生了很大的变化。虽然说不上是彻底的改变，但和之前浮躁盲目的心情比起来，已经进步很多了。在未来的很长一段时间里，每当可恶的焦虑感或自卑感又出现时，我就会深吸一口气，告诉自己：静下心来，活在当下，享受过程，看淡结果。

慢慢地，我明白了一个道理：每当你因为迷失而手足无措时，应该先低头做好当下该做的事。要相信，生命中的每件大事小事，都是有意义的点滴。当每个点滴被一个不落地串联起来后，你才能看到整片地图的美。

积极与时间赛跑

我所在的学校，社会工作专业硕士项目的全部学业是两年（通常情况下），实行的是学分制，即两年之内修满六十个学分即可毕业，不需要做毕业论文或答辩。起初，我因为不用写毕业论文这件事偷乐了很久，但学期进入中段后，我才意识到两年修六十学分是一件难度多大的事。

与学院导师商量过后，我发现要想在两年内按时毕业，每年必须得上够三个学期的课，即春季学期、夏季学期和秋季学期都得上课，而且必须得尽早开始找实习。虽然研一大多数的课程都是基础课，到研二时才会开始上专业课，但导师还是建议我尽早确定专业的下属方向，有助于未来选课和找实习。尽管如此，我还是决定在第一学期时，把适应生活和学业当成主要目标，暂时把选择专业下属方向的事往后放一放。谁知，后来就是因为没有及时确定专业下属方向，才白白浪费了基础实习的机会，这算是我的一个教训。

总之，跟导师谈完之后，我便全身心投入到了第一学期紧张的学业中。来美国之前，我一直以为美国学生的学业是很轻松的。在很多美剧和电影中，我好像从没看到他们认真苦学的影子，相反，倒是经常看到他们开狂欢派对的样子。来了美国之后，我才发现这里的学业生活实在太疯狂了。开学大概一个月后，我彻底认识到了当时学长嘱托之辞的明智：当人真的忙起来后，果然没有时间去担心"该如何适应环境"这种问题，因为我几乎把所有的时间和精力都花在了繁重的课业上。

起初，我觉得一学期只选四门课可能会浪费时间，毕竟每个星期才有四节课，心里总会隐隐地担心该如何有效利用大把的课余时间。后来我才发现这种担心实在是多余的，由于课业过于繁重，四门课已经足够人忙活的了。

阅读

基本上，每个老师都会在开学前为学生提供很长的书单，上面全部都是本学期这门课上老师会讲到的内容，因此学生需要事先去买或借这些书籍。每门课的老师在每周上课之前，都会给学生预留阅读作业，这些阅读作业动辄就是某本书的四到九章，或第几十页到第几百页。

第一学期时，因为我没有经验，在这个问题上栽了很多跟头。起初，我以为这些书只是用来供学生参考的，心想就算不买书，上课也肯定能跟得上，大不了到时候再借也来得及。谁想，开学时发现每人面前都堆着一摞书，只有我面前空空如也。想从图书馆再借时，发现所有的书早就被借光了。后来终于把书弄到手时，很多次都没有按要求及时读完规定章节。每当我读不完或读不懂时，就会悲摧地发现自己上课时完全没法参与课堂讨论。于是才渐渐发现，在美国，有质量地完成阅读作业是上好一门课的基础要求。

为了能认真负责地完成所有的阅读作业，以便上课跟得上大家的节奏，我先后做了很多不同的尝试。起初，我对每门课的所有阅读作业都一视同仁，毫无轻重主次地去阅读，后来却发现在有限的时间内读完并读懂所有内容几乎是不可能的。我原本以为是语言障碍导致我的阅读速度低、理解能力差，但向身边的同学请教过后，我才发现原来对美国人来说，有质有量地完成全部阅读作业也是非常有难度的。于是，我改变了策略，通过不断尝试慢慢形成了适合自己的阅读习惯。

说到我的阅读习惯，还要感谢当年曾让我憎恨无比的GRE考试。记得在复习GRE时，最让我头疼的部分就是阅读，因为GRE阅读是出了名的晦涩难懂。为了拿下这部分，我当时认真研读了《GRE阅读39+3全攻略》这本书。虽然时间过去已久，很多细节已无法记清，但我一直都牢记着书中提到的阅读一篇文章的高效方法，即：每篇文章的首尾段必读（即全文主旨段和总结段），每个自然段的首尾句必读（即全段主旨句和总结句），任何带有转折含义的句子必读，任何举例的内容要大致读懂（即论据），其他内容在时间有限的情况下可酌情略读。

最初在学习这种阅读方法的时候，我只是单纯为了应付考试，一心想着只要把这个变态的考试熬过去，以后就再也不用碰这么晦涩难懂的文章了。谁料，来到美国后，才发现老师们留的阅读作业几乎都是GRE阅读的难度。直到这个时候，我才意识到当时学会的阅读方法有多么实用。

论文

除了永远都读不完的成堆的阅读作业外，还有让人闻风丧胆谈虎色变的论文作业。

在美国，很多专业的作业都以论文的形式存在。对他们来说，论文并不是一种只有在期末时才会碰到的东西，它像家常便饭一样充斥在各类专业各级学位的学习中。一般情况下，每门课几乎每周或每两周就有论文要交，那真是"三天一小论，五天一大论"。这种现象对于文科专业来说更甚，以至于我们亲切地把社工学院唤作"论文学院"。

通常情况下，要是单人撰写的小论文（即五到十页的论文）也还好说，多写一写也就习惯了。可要是遇到大论文（十页以上）或小组论文（即一组人共同撰写一篇二十页以上的超大论文），就会是一种非常痛苦的经历，要么会纠结于灵感枯竭，要么会挣扎在团队协作上。

除了惊人的数量外，老师对每篇论文的质量也非常看重，从内容到格式，都有很严格的要求。

内容方面，老师会在布置论文时给学生提供明确的写作大纲，并对论文的每个部分做出详细的要求，有时甚至会对论文的参考书目的数量提出要求。只要严格按照老师提出的写作内容要求来做，基本上都能合格地完成任务。格式方面，以前在国内，只有撰写毕业论文时才会使用APA格式。可在美国写作业，每篇论文都要严格遵循APA格式，包括行间距、页边距、字体大小、参考书目等细节，稍微有违规定，就会被大大减分。

多元的授课形式

美国老师多元的授课形式也给我留下了深刻的印象。除了传统的"老师讲，学生听"的形式外，教授们经常会在课上让大家进行小组讨论，有二人组、三人组、多人组等。因为班上只有我和小艺两个中国人，所以起初分组时，我俩总是绑在一起。后来，老师为了鼓励我们与其他同学多交流，就有意把我们分到不同的组里。和美国同学进行小组讨论是一件让我非常头疼的事，因为比起老师来，美国同学的语速更快、思维更跳跃，最初的很多时候我都完全跟不上他们的节奏。

除了小组讨论外，学生在课上经常被要求演讲，基本每门课只要做完一个大作业，学生就得以演讲的形式上台展示自己的成果。每次准备演讲时，我都会非常认真地把稿子写下来并背熟练，然后上台像个机器人一样机械地背一遍。刚开始的两个学期，每当遇到演讲的场合，我都会紧张得发抖。直到有一次，我看到身旁的美国同学也在紧张得发抖时，才意识到原来美国人也会害怕当众演讲，即便是用母语。这一有趣的发现反而让我变得不那么紧张了。

后来，经过频繁的练习，我慢慢克服了对演讲的恐惧。虽然每次上台前的那一秒还是会非常紧张，但只要开口说起来后，就放松多了。记得电影《我家买了动物园》中有句台词说：有的时候，你越是逃避，心里就会越发焦虑，如果能拿出长达20秒钟的勇气去开始的话，就会发现其实它真的不像你想得那么难。后来，这个"20秒勇气定律"在很多场合下都救了我。

此外，其他授课方式还包括角色扮演、实地考察、自制录像等。

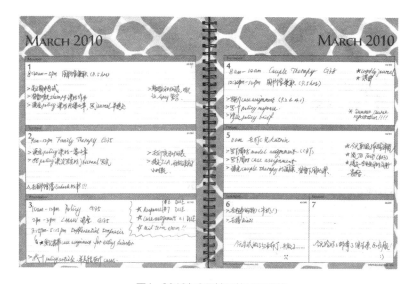

图1 2010年3月某周的日程安排

在最初不习惯这种多元授课方式的情况下，每一节课对我来说都非常困难，一节又一节课仿佛是一个又一个障碍物，需要我去面对、去翻越。每上完一堂课，我都感觉像是经历了大脑风暴战一样精疲力竭。也正是因为每门课的难度都很大，我所有的课下时间几乎都花在了预习功课、写作业和复习功课上，很少会有空余时间。

三月份时，各种作业的截止日期都快到了。我每天奔波在教室、图书馆和宿舍之间，阅读、查资料、写论文，忙得不可开交。当时由于我还没有找到一种适合自己的做事节奏和规划，所以每天都把自己折腾得疲惫不堪，像个陀螺一样转个不停，熬夜写论文更是家常便饭。

一天上课时，我突然注意到身旁的美国同学面前放着一本日历似的笔记本。偷瞄过去，发现上面用各种颜色的笔做满了记录，花花绿绿的很好看。询问过后才知道，这个东西叫日程计划本（*planner*），在美国基本人手一本。同学告诉我，她不仅用日程计划本规划学业生活，比如上课时间、何时写论文、何时做项目、不同作业的截止日期等，还用它来规划生活，比如和朋友的约会日期、哪天去购物、何时为家人庆生等。她说，她会把所有行程用各种颜色的笔标在计划本上。这样一来，不管每周的任务再繁多，她总是能优雅地把生活规划得井井有条。

在她的推荐下，我飞速跑到超市买了一个日程计划本回来，像挖到宝一样开心。我用四种不同颜色的笔代表本学期选的四门课，将每门课所有作业的截止日期对应地标在了计划本上。此外，我还认真地标出计划写作业的时间段，以及各种琐碎的待办事项。就这样，三月、四月和五月里大部分的时间格，很快就被标注得满满当当了。当我再次回看全部计划时，已对本学期所有要做的事情有了非常清晰的了解。

自从启用日程计划本以来，我便过上了与时间赛跑的生活。每天晚上，当我从计划本里查看第二天的待办事项时，都能清晰地知道明天需要完成哪些任务。于是，第二天一大早，我就会带着非常清晰的目标开始一天的生活，再也不会有不知所措的感觉了。

认知行为学里有一个非常经典的原理，是关于一个人的思想、情绪及行为三者之间相互作用关系的。简而言之，当你的大脑产生一种积极思想时，你的情绪也会随之变得积极，从而产生积极的行为；相反，如果你大脑里的思想是消极的，那么你的情绪及行为也会相应变得消极。因此，要想改变一个人的行为，一定要从改变他的思想开始。

那段时间里，我就经历了这样一个思维转变的过程。起初，我在思想上是消极的，抱怨环境，否定现状，一系列的消极思维导致整个人的情绪十分消沉，因此我的行为就是把自己与外界隔离开来，尽可能躲在宿舍，不去接触新事物，也懒得去直面学业，整个生活便成了一个恶性循环。当我从思维上转变观念之后，懂得积极地去面对问题时，情绪和行动也就随之变得乐观和积极了起来。加上日程计划本的帮助，生活开始慢慢变得更加规律，积极的行为产生了积极的效果，这种效果更加坚定了之前积极的思维。因此，生活里就产生了一个良性循环。

就这样，从三四月份开始，我感觉生活渐渐走上了正轨。人一忙起来的时候，果真是没有时间顾影自怜，也好像已经快要忘记对于"该如何适应环境"这个问题的顾虑了。虽然那时的我对身边的很多事依然是一知半解，虽然走到陌生的地方还会感到局促不安，虽然在金发碧眼的外国人面前还会觉得七上八下没有信心，但是我觉得眼前的一切困难不再像以前那样看不见摸不着，它们逐渐可以量化了。我突然觉得，只要我足够努力，眼前的一切早晚会随着时间的流逝而慢慢被我克服掉。

社交恐惧与异地孤独

当我觉得学业和生活都在慢慢走上正轨时，有件事依然在形影不离地纠缠着我——那就是我的社交恐惧症。

其实，我一直都是一个外向活泼、开朗大方的人。我爱笑，爱聊天，无论是陌生人还是老朋友，我总能和他们热络很久。平日里，我也特别喜欢通过博客或微博等社交平台与外界沟通，绝不吝啬和大家分享自己的真实感受。可是，这样一个大大咧咧性格泼辣的我，在刚到美国的时候，却患上了严重的社交恐惧症。在华大读书的两年里，无论课上课下，我都会有意识地把自己武装成一个沉默寡言的人。如果遇到中国学生，我便会回归原本的自己，但在外国人面前，我就会立刻变身成重度社交恐惧症患者。

曾经有段时间，我最害怕的就是课间休息。每当看到身边的美国同学开始滔滔不绝时，我就总想找个地洞钻进去消失掉。要是身旁碰巧坐着一个也没在和其他人聊天的美国同学，我就会倍感焦虑，如坐针毡，战战兢兢，害怕他会主动和我搭话，因为我真的不知道该和对方说些什么。所以，每当这个时刻，我就会赶快低下头，假装看书或做笔记，装出一副很忙的样子，或者干脆走出教室。总之，只有不和别人发生目光接触或言语交流，我才会觉得有安全感。有时为了延长这种安全感，我会长时间和中国学生打成一片，全然忘记自己正处在留学状态中。

我曾费尽全力想去克服这种心理，比如我会逼迫自己参加一些学院活动和互动工作坊，但每当处在当下的环境中，却又在心理上当了临阵脱逃的逃兵，总是不发一语草草了事。古怪的是，每次和院里其他的国际学生在一起用英语聊天时，我就能表现得非常好，但一回到美国人占多数的教室环境中，那种可恶的局促感和不自信就又回来了。

这种对社交的极度恐惧伴随了我整整两年之久，当初我完全不知道为什么会这样。直到在美国工作了以后，这个问题才得到了彻底解决（详见第三章）。现在回想起来，我觉得这种社交恐惧在一定程度上可能是由语言交流上的障碍导致的，但根源还是在于我的心态。在心态方面，我有时会假定别人对我没兴趣，无论我说什么，对方一定不会想继续聊下去。我也会假定对方肯定无法理解我说的英文，或可能会因为我犯的口语错误笑话或看不起我。我总是不自觉地把"我是一个中国学生"这件事深深地印刻在脑海里，并无限放大我与美国人之间的不同。每当我想到我们语言不通、文化不同时，就会感觉和对方完全没有共同点，根本无从聊起。

像我之前所说的思维、情绪和行为三者之间的关系，因为我的思维已经将自己束缚，所以每当和美国人在一起时，我的情绪就会自动变得焦虑不安，导致我在行为上自动变"哑巴"。当时经历着这一切的我，完全无法洞悉前因后果，只是一味地认为自己不够优秀，因而久久自卑，裹足不前。现在回想起来，不敢张嘴的问题，在很大程度上是跟一个人的心态有关的，跟他的语言水平并不一定呈正比关系。毕竟，那些操着更重口音，犯更多口语错误的印度、韩国和日本留学生，可以常年自信地和美国人沟通无障碍。总之，因为无法张嘴而导致的社交恐惧在很长一段时间里都困扰着我。

比社交恐惧杀伤力更大的，就是留学孤独症。害怕社交，我可以尽量躲避社交场合，但是无处不在如影随形的孤独感，却无时无刻不在侵蚀着我焦灼不安的内心。记得刚来美国时，一个周末的清晨，我独自一人去集贸市场买菜。正在专心挑菜时，一位美国大叔突然用蹩脚的中文对我说了一句"新年快乐"，我这才突然意识到那天是大年三十儿，学习的忙碌竟然让我忘记了中国年。

一个人孤零零地走回家，坐在床上发呆。我在想，此时此刻如果是在国内的话，我可能早就和妈妈上街置办年货了，家里的冰箱也一定早已塞满了各式香甜可口的美食。国内的家人肯定已经在包饺子、准备吃年夜饭了。我抬头向窗外望去，冷冷清清，万籁俱寂，街上连一抹中国红都看不到。

这是我在美国度过的第一个春节，我稀里糊涂地做了一锅热腾腾的蔬菜面，将就喂饱了自己的肚子。我独自一人坐在电脑前，想通过电影马拉松的方式克服过年思乡的情绪。但是，久而久之，你会发现这种情绪是很难克服的。虽然每天的生活真的很忙，虽然有时也会非常享受颇具异国情调的音乐、美食和文化，看到那些摆造型、拉提琴的街头艺人还是会觉得新鲜，但是，每当有一秒钟的空隙，心里还是会不由自主地感到落寞和孤独。这份落寞与孤独是无法与人分享的：向家人倾诉，害怕他们会担心；对国内的朋友吐槽，他们可能根本无法体会这种感觉。因此，很多时候，只能伫立望故乡，顾影凄自怜。

　　为了克服这种孤独感，我开始努力给自己找事儿做。我开始学习做饭，各种菜谱都敢硬着头皮去尝试。离家之前，我根本不会做饭，但久而久之，我竟然也可以烙烙饼、炖骨头、做蛋糕、煲浓汤了，虽然卖相不怎么样，但吃着自己做的饭还是觉得由衷的满足。我开始挤时间外出旅游，去周边城市搜寻美景，拍回来很多美美的照片供家人欣赏。但是，无论多繁忙，莫名的孤独感还是会无孔不入地钻进我的心里。暮色时分华灯初上之时，宿舍门前的德尔玛大街显得十分热闹，可周遭热络的时候，却也正是我最感到孤独寂寞的时候。户外的热闹好像是在提醒我，它的盛世繁华不属于我，我也从不属于它。

　　记得当时在华大中国学生联合会组织的晚会上，有三位中国学长弹唱了他们自己创作的一首歌，叫《慢慢来》。歌曲本来意在形容男生找女朋友应当慢慢来，但处在当下的我，却仿佛觉得它唱出了应对新生活的一种态度：慢慢来。也许很多留学生都曾像我一样，被社交恐惧和异地孤独困扰着，而未来即将展开留学生活的人们也免不了会遇到同样的问题。当时的我毫无经验，丝毫不知该如何应对，因此为这个问题盲目困惑了很久。要是可以时空穿越，我多想告诉当时的自己：别着急，慢慢来，心平气和地把它交由时间处理，因为时间是一切困惑的答案，最终所有的疑问都会随着时间的流逝自然而然得到化解。

我在美国上法庭

第一年的春季学期刚结束，夏季学期就已经马不停蹄地拉开了帷幕。之前，导师建议我尽快明确专业下属方向，好尽早开始找实习。于是，除了照常上课以外，我为夏季学期确定了两大目标：考驾照和找实习。

驾照在美国是最为重要的身份证件之一。拥有了驾照后，你不仅可以开车，更可以用它代替护照去坐飞机、租车、办理银行账户或申请信用卡。因此，对于国际学生来说，考到美国驾照将会极大地方便你的日常生活。其实，初到美国时为了省钱，我本来并不打算买车，曾一度想用自行车坚持完两年的留学生活。所以，我刚到美国时就买了一辆自行车，并因此闹出了很多笑话。

在美国，正常的公路上并没有专门的自行车车道，只有在规模较小的路两旁，才有一截极为狭窄的区域供自行车行驶。有的州可能会允许自行车在机动车车道行驶，但在大部分州这是违法的。第一次骑自行车上路时，我小心翼翼地在路旁狭窄的区域骑行，很多次差点被来往呼啸的汽车剐倒。本以为中国超市离宿舍很近，但这一去，竟花了半个多小时才骑到。

到了超市后，我发现偌大的停车场里竟然没有专门的自行车停放区域。确切地说，是根本连一辆自行车都看不到，全部都是汽车。无奈，我只好暂时把自行车停靠在超市门口的栏杆处。购物出来后，我惊恐地发现自行车不见了。原来，因为违规，经理把它存放到了超市后面的仓库里。连声道歉后，我取回了自行车，把超市购得的所有东西勉强地挂在车把两端，颤颤巍巍惊心动魄地原路返回。这一路，走走歇歇，竟花了近一个小时才骑回宿舍。到家以后，精疲力竭。

后来，我才知道在美国的大多数城市，拿自行车当交通工具是一件非常不现实的事。对美国人来说，自行车更像是一种健身方式，平日总能看到他们身穿紧身运动衣，头戴头盔，身戴护膝护肘，矫健地蹬着自行车在专门的健身车道上飞驰。由于大多数美国城市面积辽阔，如果没有一辆汽车，根本是哪儿都去不了的。因此，考驾照和买车便成了我当下最重要的待办事项。

第一次路考时，我毫无意外地失败了。跟警官一打听，才明白是因为我在所有的停止标识处没有停够时间。"停止标识"（*Stop Sign*）是西方国家很独特的一个交通标识，专门设立在交通流量不大的小型十字路口。所有来往车辆到达这个标识处，必须减速并停止，之后再根据先后顺序一一前行。由于我对这个交通标识不够熟悉，路考时只是在此处减速滑行了过去，没有做到完全停止，所以警官给我扣了分。后来，我的学车教练反复强调说，将来无论我行驶在哪里，无论四周有没有车辆，无论是否有警察在监督，只要看到停止标志，必须做到完全停止，丝毫不得马虎。后来经过第二次尝试，我才顺利通过了路考，拿到了驾照。

这个经历让我看到了美国人遵守规则的严格性。实际上，他们对遵守规章制度的严格性体现在生活的方方面面。比如，在地铁站或公车上，通常是没人检票的，但大多数人依然会规规矩矩地买票上车。为什么？因为美国社会建立在诚信的基础上，执法部门会假定每个人都是有信誉的，相信每个人都会自觉买票上车。但是，如果你抱着侥幸心理逃票，一旦在随机查票时被抓住，那么不但你辛苦建立起来的信誉会毁于一旦，还得交罚款、吃官司。更糟糕的是，你若是曾经为了逃几块钱的票钱而被起诉的话，这件事很可能会在很多年后你申请信用卡、车贷或房贷时，产生可怕的蝴蝶效应。因此，由于美国严格的执法力度，大多数人在遵守规章制度方面是十分自觉的。

虽然美国人的执法力度很严，但在许多事情上也很人性化。我想起自己第一次在美国因为行车违规而上法庭的事。夏季学期刚把驾照考到手后，我便从网上买了一辆二手车。一天晚上，我和舍友开车出去买东西，因为对当地路况不够熟悉，绕了几圈便晕头转向，随即便想掉头回家。当时正好行驶在一条大路上，实在没地方掉头，我们便向左拐进了路旁的一条小巷。拐进去后才发现那个小巷是条单行道，开到尽头时，前方因为正在施工而把路堵死了。当时因为天很黑，四处找了半天也没看到其他出口。无奈，确定小巷里没有其他车辆后，我们便掉头从单行道里逆行开了出来。

岂料，刚从小巷出来，后面立刻跟上了一辆亮着红蓝交错警灯的警车，耳边同时传来了一阵刺耳的警笛声。说实话，当时我真的吓坏了，感觉血压一下冲到了头顶。警车在我后面咬得很紧，从后视镜里可以看到警察做着"靠边停车"的手势，于是我只能停下了。当时，我感觉全身都要瘫痪了。这种只在电影里才会发生的桥段，竟然发生在了我身上，真是让人难以置信！

我从左侧视镜里目不转睛地盯着警察的一举一动。我看到他缓缓地下了车，摆弄了一下手中的对讲机，然后一步步向我的车走来。他每向前迈一步，我的心跳就加速一倍。当他完全站在我的车窗旁时，我已经紧张得汗流浃背呆若木鸡了，仿佛我的汽车后备厢里藏着一具新鲜的死尸似的。

帅哥警察干练地给我开了一张二百美元的罚单，理由是在单行道逆行。尽管我尝试向他解释单行道上的施工问题，他好像丝毫没有兴趣听。他弯下腰，趴在我的车窗旁对我说："女士，如果您对我的执法不满意，可以上法庭和我辩论，为自己伸张正义。"因为我知道自己在单行道上逆行是有原因的，而不是不懂交规或故意为之，所以对这位警官的判罚的确不服，便决定和他上法庭一辩高下。

曾有一位学姐告诉我，在美国生活，就像是拿到一张门票进动物园参观一样——只有把里面所有的动物都挨个看一遍，才能值回这个票价。起初，我觉得在美国上法庭实在是一件太疯狂的事情，可听了学姐形象的比喻后，我便决定把这件事当成是一种新鲜的体验，就当是去动物园观看毒蛇与美女共舞了。

于是，我到网上搜索了很多在美国上法庭的流程经验帖，并认真练习辩护词，甚至还画了一幅图，准备到时候给法官展示当晚的路况。我把自己想象成一个为了正义随时准备决斗的女战士，为开庭之日积蓄力量。

第一次开庭时，法院里的情形着实让我大吃一惊。我以为法庭内部会像电影里演得那样气势恢宏、庄严肃穆，没想到我当天去的法庭只是一个面积不大的会议室而已。室内的一边已排满因交通罚单来上庭的形形色色的人们。另一边的台上，法官正襟危坐，旁边有两名记录员和一名检控官。经过漫长的等待，法官终于点了我的名字。我走上前去，法官开口问道："你认罪吗？"我先是愣了一下，然后连忙摇头，连声说不。正当我要开口为自己辩护时，法官却示意我可以走了，说不认罪的人要约二次开庭时间，到时才需自我辩护。

几周后，终于迎来了二次开庭。听人们说，这次开庭，只要当时给我开罚单的那位警官不出庭，那么我就自动胜利了。为此，我一直都在心中默默祈祷，希望开庭当天这位警官有公事在身，或是睡过了头，或是干脆忘了这码事。总之，希望他可以不要出庭。没想到，开庭当天，我刚刚迈进法院时，就看到法庭门口站了一群警察，全是为了各种罚单来出庭辩论的。搜寻了一圈，绝望地看到那位帅哥警察立在墙角。

终于轮到我辩护时，我给法官看了我画的图，并详细给他解释当晚的路况。我告诉他，我并不是不知道单行道禁止逆行的交通规则，而是因为施工路堵而不得已为之。警察辩论说单行道尽头有口可以出去，不需要逆行拐回来。我继续辩论说，天黑行路难，我当时根本没看到什么出口。在这个细节上，我和该警官进行了好几轮的唇枪舌战。最后见警官态度坚决，我只好诚实地向法官招认，说我作为一个外地人，的确对当地路况不够熟悉，并表示道歉。当时，我真的以为自己输定了，心想："这下完蛋了，法官和警察都是美国人，这是他们的地盘，法官当然会判美国人赢，怎么可能偏向我这个外国人呢？我真是飞蛾扑火自取灭亡啊……"

正当我觉得自己已经无力回天的时候，法官严肃的脸上突然露出了一个善意的微笑。他看着我认真地说道："客观地说，你的确犯规了。但是，你也有合乎情理的理由。那里的路况的确有些混乱，标识应该做得更清楚些才对，所以交通部也该负一定责任。因此，我决定把罚金从两百美元降至八十美元，同时把这个罚单从'行车违规罚单'改为'停车违规罚单'。祝你好运，一切平安！"听到这个判决，我心里乐疯了！

在美国，行车违规罚单意味着你在车辆行驶过程中违反了交通规则。要是收到这类罚单，不但得交罚款，驾照会被扣分，连车辆保险费也会跟着上涨，可谓代价惨重。但是，停车违规罚单的后果就轻多了，只需要缴纳罚款即可。因此，经过我的这场个人辩护，不但罚金大大降低了，连驾照分数和保险费都不会受到任何影响，可谓是大获全胜！

在这次法庭大战后，美国人严格执法、秉公办案的态度让我刮目相看，他们极具人性化的办事风格也给我留下了深刻的印象。在那之后，无论我何时开车上路，都极为小心。交规是怎样的，我就怎样去执行，再也不敢抱着侥幸的心理耍小聪明了。

一次失败的实习经历

　　除了考驾照外，夏季学期里的另一个目标就是找实习。在我们学校，社会工作硕士阶段的学习包括九学分共计1080个小时的实习，其中又细分为基础实习和专业实习。虽然学院里为学生提供了很多圣路易斯当地机构的详细信息，但是具体去哪家机构实习、如何申请、学分如何分配等问题，全部都得由学生自己决定。

　　其实，美国大学的很多专业学习都是非常注重知识和实践的结合的，不仅学生希望通过实践来夯实自己所学的知识，老师也会要求和鼓励学生通过实践所得来完成课堂讨论和课下作业。美国的很多公司在招聘时，都会专门开设适合在校大学生的实习职位，主动为学生提供更多的实践机会。如果学生实习期间表现优秀，毕业后可能会被雇主直接聘为全职员工。因此，实习是一件非常重要且严肃的事情，要是把握好了，将会大大提高毕业后找工作的成功率；要是把握不好，便会白白浪费大好的机会。按道理说，我本应在夏季学期就确定好自己的专业下属方向，这样就可以通过基础实习和专业实习两次机会，好好实践在专业下属方向学到的东西。然而，当时的我依然处在一种一头雾水的状况中，加上拖延症泛滥，迟迟没有决定专业下属方向。

直到身边的很多同学都已经确定了实习机构的时候，我才着急了。当时时间已晚，夏季学期已进入尾声，秋季学期马上就要开始。我根本顾不上确定专业下属方向，在目标不清晰的情况下就随便投出去了几份简历，全然不知自己即将要损失掉如此好的一个机会。

经过一番漫天撒网后，我终于拿到了一家机构的面试机会。这是一家超小型的非营利性机构，专门为小学生提供免费的课后项目。课后项目，顾名思义，就是在学生下午放学后、家长下班前的这段时间里，为孩子们提供一个休息和学习的环境。简单的面试后，我被录取了。虽然这份实习并不让我非常感兴趣，但由于当时时间已晚，我已经来不及再找其他实习了，所以在收到这唯一一份录取后，只能盲目上任了。同时，我还幸运地找到了一份在学校东亚图书馆的兼职工作。于是，秋季学期开始后，我的生活变得更加繁忙了，每天在教室、图书馆、实习机构和宿舍之间循环往复。

说实话，关于我在美国第一份实习的这段文字，我当初是写了又删，删了又写，改来改去，不知该如何下笔。我多想骄傲地和大家分享我在实习中学到的东西，多想告诉你们我到底取得了哪些进步。但是，我必须诚实地说，现在回想起来，我感觉自己没从这份基础实习中学到任何有用的东西。当然了，这是一家美国机构，机构的主管和客户都是美国人，所以我自然有机会体验和美国人一起工作的感觉，语言能力也得到了一些锻炼。但是，从专业角度来讲，我感觉自己并没有收获很多日后可以使我受益的专业知识或能力。

我在这个实习机构做的工作相当简单——美其名曰"课堂行为管理"，实际上，就是等学生到了机构后，我负责把他们带进教室来，给他们发零食和水。老师开始讲课后，我要陪在学生身旁，和他们一起画画、做游戏，帮他们解答问题。谁要是不听话，我就负责劝导或拉架。课程结束后，再把他们安全送到校车上。这个课后项目有一套自创的教材，每周五天给学生安排的活动都不同：有时会教小朋友们如何交朋友、如何增强自信心等，有时会教他们烹饪不同国家的菜肴，有时会教大家画画或瑜伽，有时会开读书会。因此，根据当天的课程安排，我的角色也会在老师、厨师、画家或瑜伽教练之间随机切换。

其实，这份实习本来很不错，因为它是专门为将来想担任小学心理咨询师的学生设立的。然而，正是因为我迟迟没有确定自己的专业下属方向，所以我根本不知道该如何利用这次机会。我既不知道自己到底打算从这份实习中学到什么，也不知道该如何把它与学校课程结合在一起。当时，我只是机械地想尽早完成小时数，从而早日毕业，所以完全没有把心思放在认真完成实习任务上。这样盲目的后果就是，两个学期下来，当我把基础实习的小时数全部做完后，除了学会了如何做瑜伽、炒印度咖喱饭，读了无数本英文绘本，并可以和美国小孩用英语零障碍交流之外，专业方面好像并没有任何实质的进步。

从这个角度来讲，我觉得我在美国的第一次实习经历是失败的。以这样失败的经历，我遗憾地结束了研一全年的学习。如果让我重新来过的话，我一定会在开学初期就认真研究我所学专业的所有专业下属方向，多向教授、导师和学长们请教，了解不同的方向具体都学些什么，将来分别会有怎样的职业发展，从而尽早把专业方向确定下来，然后有的放矢地去找实习。不过，天底下没有后悔药，正是这次失败的经历才让我彻底认清了实习的重要性。后来再找专业实习时，我才格外用心，丝毫不敢马虎。

感恩我的2009年

2009年这一年，仿佛是我生命中最漫长的一年，因为这一年里真的发生了很多事。年初时，我如愿以偿地踏上了留学之路，开始在一个全新的世界用自己的双手打拼未来。这一年，我最大的成长就是变得更加独立了。在生活上，我学会了做饭，学会了开车，学会了如何独自在陌生环境中扎根立足。在学业上，我学会了如何更加合理地规划课业生活。翻开厚厚的日程计划本，里面标注着过去一年每个月里我完成的所有事情，虽然当下往往手忙脚乱、疲惫不堪，但自己在不经意间却收获了很多。渐渐地，我在读文献时不再那么吃力了，写论文时也更加游刃有余。无论是专业知识还是语言能力，都在不知不觉中慢慢地积累着、进步着。

这一年，我的视野拓宽了许多，也因此终于意识到之前的自己有多么像井底之蛙。留学后，我见到了形形色色的人。他们有着不同颜色的头发与肤色，操着各式各样的语言和口音。他们都来自不同的国家和文化，其乐融融相互尊重地生活在这个"大熔炉"里。起初，我很难接受这种文化的多元性，因为它和我一直以来习惯的东西太不相同了。后来我才慢慢意识到，别人与自己不同，并不代表他古怪，更不代表他错误。他只是和我自己不同而已。天下各类文化艺术百花齐放百家争鸣，它们之间都是平等的。我不该狭隘地看待别国的文化和人民，而应该勇于接纳和欣赏与自己不同的事物，并去粗取精、有选择性地学习别人优秀的一面。只有这样，我才能变得更加包容、更加宽容。

这一年，因为一次失败的实习经历，我又一次意识到了规划人生的重要性。俗话说，凡事预则立，不预则废。没有规划的人生像一团乱麻，有规划的人生才能活得清晰透彻、有方向感。人生如此，学业也是如此。在这次失败的实习经历后，我开始认真地考虑专业下属方向。一直以来，我都很明确地知道未来我希望能和孩子或学生在一起工作，但却不是非常确定要在怎样的情境中。在一番调研、思考和采访后，我终于发现我的真正兴趣是在临床心理咨询方向。

幸运的是，华大的社工学院有非常多的专业下属方向可供学生选择。如果找不到自己喜欢的方向，你还可以创立个性化的方向来满足自己的求学兴趣。因此，2009年年末时，通过与导师长时间的商讨，我终于确定了专业下属方向——"儿童、青少年与家庭"和"精神健康"两个方向的结合。简而言之，我希望未来可以成为一名临床心理咨询师，服务患有精神或心理疾病的孩子、青少年及他们的家人。终于明确了未来的专业方向和职业道路，这可能是我2009年在专业方面取得的最大进步了。

2009年另外一件值得纪念的事，就是我在这一年结识了一个叫乔希的美国男生。和他相识的过程非常神奇。读过我写的《考拉小巫的英语学习日记》一书的读者也许还记得，我在大学之前学习并不好，唯一一门我喜欢且擅长的科目就是英语课。从初中开始，我就很喜欢听英文歌、看英文电影、读英文原著。为了练习英文，我还会在网上交国外的笔友，彼此通过写信的方式分享文化和生活。现在回想起来，我的英文能力也许就是在那个时候慢慢练成的。

来美国以后，为了练习英文，我在网上注册了一个当时很受欢迎的社交平台，叫myspace。有一天我在网上随意浏览时，发现网页上推送了一些"你可能会认识的人"，第一个就是大乔。让我注意到他的并不是因为他排第一个，而是因为他的头像是一群中国小孩子的合影。看到这个头像，我感到很纳闷：咦，这个美国人为什么会用一群中国孩子的合影做头像呢？

点进他的网页一看，我震惊了。他的相册里全都是关于中国的照片，有中国的孩子们、京剧脸谱、中国风景画和一张鱼香肉丝的照片。进到个人资料里一看，一行英文映入眼帘："我的中国朋友给我开通了QQ，这是我的QQ空间地址，我想要练习中文。"天啊，这个美国人竟然知道我们中国的QQ！

我想找笔友练英文，他想找中国人练中文，这简直是天作之合。于是，我们便加了彼此为好友。不聊不知道，一聊吓一跳。大乔告诉我说，他在高中时就对中国文化很感兴趣，大学时期还辅修了东方文化简史和中国历史。他说他这辈子最大的梦想就是可以去中国旅行，或是去一所乡间学校教小孩子们学英文。我们每次互通邮件时，都会用冗长的篇幅和彼此讨论中美两国的文化差异、宗教信仰、社会习俗、旅行美食等各种话题，很多邮件我都保留至今。我震惊于他对中国社会和文化的深入了解和好奇心，有时我甚至觉得他比我都更"中国"。

最初刚结识对方时，只是笔友而已。谁曾料想，后来他成了我的老公。再后来，他又成了我女儿的爸爸。时光荏苒，今年我们就要迎来我们的结婚十周年纪念日了。

这真的应了那句话——缘，妙不可言。

不过在2009年的时候，我即便认识了大乔，也依然抹不掉内心莫名的思乡之情。记得闾丘露薇在《我已出发》中曾写过这样一句话："一个人能够孤独地面对自己而不觉得寂寞，这是一种境界。"至少在2009年时，我还尚未达到这种境界。我总感觉，每当我完成了一项任务或取得了重大进步，正要举杯庆祝时，孤独感就会像一个挥之不去的小恶魔跳出来，傲慢地挑衅道："有什么好庆祝的？你根本不属于这里。"每当这个时候，我就感觉自己像一个虔诚的登山者一样，好不容易攀至顶峰，正要放声歌唱，却被人突然拿掉了氧气瓶，一脚踹到山底，落寞的惨状可想而知。

如果你想在这里找到"如何面对孤独"或"如何找到归属感"的答案，很抱歉，我可能要让你失望了。2009年的我，并没有找到这些答案。诚实地说，我是在留学和工作了近五年以后，才终于找到了自己想要的答案。

2009年年末时，我回了一次国。这是留学以来第一次回国，感慨万千。无论是街边的大树、巷口的小铺、门前打牌的大叔，还是以往闻不惯的臭豆腐，当这些无比熟悉的画面再次映入眼帘时，我才感觉故乡从未走远，她一直深藏在我的心里。和家人度过了无比短暂却充满了天伦之乐的二十天后，我又十分不舍地登上了回美国的航班。

2009年就在这依依不舍的离别中结束了。

这次一走，又是漫长的一年。

2010年，我又会有怎样的成长和感悟呢？

制订计划与执行计划之升级版

在美国读书的第一年里，我获得的最重要的一个软实力，就是如何制订与执行计划。"万事预则立，不预则废"这句话是世间的大真理。只要列出合理的计划，并以不让自己羞愧的行动力跟上，那么任何合理的目标都一定能被实现。

如果你有诸如"几个月后要考某个试，我该怎么复习""我打算考研，现在应该做哪些准备""我该如何找到一份好工作"等问题，请一定认真阅读这则小贴士。

制订计划

步骤

制订计划的具体步骤是：（1）明确你的目标；（2）明确你想/能花多少时间完成这个目标；（3）明确为了达到这个目标，你分别需要做哪几件事（即**分目标**）；（4）用时间除以分目标的数量，明确你分别有多少时间去完成每个分目标（时间的分布可根据分目标的难易度进行相应调整）。

举个例子。（1）目标：申请出国；（2）期限：一年；（3）分目标：考GRE，考托福/雅思，写个人陈述，写简历，准备成绩单，准备推荐信等；（4）根据分目标的难易度，将一年时间分配到所有分目标上。比如一周搞定简历，一周搞定成绩单和推荐信，两个月写好个人陈述，三个半月拿下托福/雅思，半年拿下GRE等（这个时间范畴只是举例而已，请根据个人情况进行调整）。

列好分目标后，下一步就是把每个分目标进一步细分为**小分目标**。为分目标制订计划的具体步骤同上。再举个例子。（1）分目标：考GRE；（2）期限：半年；（3）小分目标：作文、语文和数学；（4）根据每个小分目标的难易度，将半年时间分配其中。例如，半个月复习数学，两个月复习作文，两个半月复习语文，一个月进行模考等等（这个时间范畴只是举例而已，请根据个人情况进行调整）。

以此类推，小分目标又可以被细分为**超小分目标**，超小分目标又可以被细分为**无敌超小分目标**等等。完成任何一个目标，不管它多大或多小，都可以用以上步骤对其进行攻克。

日程计划本的运用

列出这么多大大小小的目标后，你可能会觉得头昏眼花：天啊，这么多纷繁复杂的目标，我到底要怎么去完成？不要慌张，有规划的人生从使用日程计划本开始。

简而言之，日程计划本是一个用来协助个人安排日程、管理时间的笔记本。日程计划本的设计纷繁多样，有年计划本、季计划本、月计划本等。漂亮的外表固然重要，但对于计划本来说，更为重要的是它的内部版式设计。只要简单实用，能满足个人的需求就可以了。

最初开始使用日程计划本时，我只用它来提醒我不同作业的截止日期。渐渐地，我发现其实我可以将生活里的一切活动都标注进去，最大限度地把它运用起来。于是，我便开始用不同颜色的笔来代表不同事情。比如，我用红笔标注学校作业的截止日期，黑笔标注每周实习和兼职的时间，蓝笔标注和老师/同学开会的时间地点，绿笔标注如取钱、买菜等生活琐事。用习惯之后，什么颜色便无所谓了，做完一项划去一项，从此再也不会忘记重要日期和活动。

如果买不到合适的日程计划本，自己也可以用Word文档进行设计。出国之前，我不知道有日程计划本这种东西的存在，当时只是在电脑上自己设计学习计划表。不同的表格代表日期和天数，每格里写上当天要完成的事情。计划表写好后打印出来，随身携带，监督自己当天任务的完成情况。自己设计的计划表没有固定的样子，只要方便个人使用即可。

制订计划的注意事项

制订计划时最忌讳两点：一是把时间安排得太满，二是把自己逼成机器人。第一，如果每天的计划都排得满满当当，那么一定会因为要做的事太多而倍感压力，焦虑不安。这是拖延症最容易泛滥的时候。而且，如果计划过满，万一发生突发事件，全天计划都会被打乱。因此，列计划的时候一定要灵活。

我每次做计划时，任务和任务之间一定会留出足够的空当。这个空当既可以用来应对突发状况，又可以用来休息。通常情况下，我在每项任务之间会尽量留出十五分钟左右的空当，刷刷微博也好，闭目养神也好，散散步，读读书，都可以帮助自己缓解压力。

另外，为了健康的生活，我很少会在饭点安排任何任务。虽然有时候牺牲吃饭睡觉的时间会让自己提前完成任务，但长久下来，这样高强度的生活对身体并不好，并不是可持续发展。因此，做计划之前一定要明白自身的承受力到底有多强。如果你的确习惯高强度的连续作业，也许可以稍微把计划排得满一些；如果不能，千万不要挑战自己的极限，否则很容易把自己拖垮。

第二，制订计划时千万不可以把自己当成没有情感的机器人。合理的计划本上除了排满每日的待办事项外，一定要增加一些对自己的小鼓励。例如，晚上九点和好友吃夜宵，或晚上九点看电影，任何对自己一天辛勤劳动的奖励都应该被明确地写在计划本上。人不是机器人，最好不要逼着自己连轴转。有张有弛的生活才最健康，不懂得休息的人也不懂得有效率地奋斗。

非常想强调的一点是，制订计划要尽可能的详细。尤其是日计划，最好把每条待办事项都写得尽量具体。类似"周一练习阅读"这样的计划不是好计划，最好是明明白白写清楚周一到底要阅读哪个材料的哪些页等。

有人觉得留学生活是用来享受的，为什么要拿一张张密密麻麻的计划表让自己过上军人般严格的生活。我必须得说，在国外读书是很辛苦的，要是不能养成一种良好的自律能力和自我规划能力，恐怕很难健康地将这几年坚持下来。再说，一旦养成良好的自律和自我规划的能力，日后就算没有计划本，你也会自然而然地在脑中形成对日常生活乃至整个人生的规划。冯仑说过，伟大不是领导别人，而是自律。一旦拥有自律能力，一定会让你受益终生。

执行计划

计划就算制订得再完美，要是不去执行的话，只能沦为废纸一张。

很多人总是把执行计划这件事复杂化，但它其实是一件很简单的事。假设你在计划本里写着"周一上午八点阅读两篇《经济学家》文章"，那么你唯一需要做的事情，就是在周一上午八点时，翻开《经济学家》杂志，挑选两篇文章，开始阅读，仅此而已。

执行计划本身并不是难事，难倒人们的通常是执行计划之前纠结的心理过程。只要能克服之前的心理障碍，执行层面上的事相对比较容易解决。好的开始是成功的一半，可大多数人往往会因为某种心理原因而害怕去开始或懒得去开始。因此，畏惧和懒惰便成了阻碍人们正常执行计划的两大天敌。

不幸的是，畏惧和懒惰这两大天敌几乎是全人类共有的、与生俱来的、无论你如何努力这辈子永远也不可能彻底克服的毛病。它们是两个相当顽固的家伙，几乎会以正弦曲线的形式忽强忽弱地出现在每个人的生活里——你若是顽强地跟它们较劲，它们可能会躲藏儿天，但很有可能过几天就又贱贱地跑出来向你示威了。既然每个人都会有恐惧和懒惰的情绪，为什么有的人可以成功，而有的人却屡次失败呢？我觉得，成功人士的厉害之处，不在于他们永不畏惧或永不懒惰，而在于他们的自律性和自控力总能战胜他们的畏惧和懒惰，正能量已经大大超越了负能量。

我个人对付畏惧和懒惰的唯一途径，就是无限放大计划完成后的美好生活，并无限魔鬼化计划未完成后的悲惨下场。实际上，每当我为自己切断后路，发现如果不做完当下的事自己真的会很惨的时候，这两大天敌就会自动消失了，因为对我来说，没有什么比对内疚感和失败感的恐惧更让我脊背发凉了。

需要注意的是，人在压力下很容易变得急功近利，看着满屏的待办事项，很容易会单纯地为了把某项事宜划掉而变得敷衍潦草。很明显，这种做法是极其愚蠢的。因此，每次划掉某项任务时，心里一定要认真地问自己：我是否真的诚实地、完整地、有质量地完成了这项任务？如果发现自己没法坦诚地回答这个问题，那就得让自己从头再把这项任务做一遍。人生只有一次，总这样自欺欺人没什么意思，因为没什么比自欺欺人更消耗生命了。

人生的计划本

除了日常生活外，人生也是需要目标和规划的。有了明确的目标，我们才不会在浩瀚的人生海洋中迷失方向。虽然人生规划是我们这辈子制订的最大的计划，但制订人生规划的步骤其实是和以往一样的。举个例子。目标：这辈子你想成为的人、做成的事及想过的生活；期限：一生；分目标：将你所有想做的事一一列出来，然后，把一生的时间分配到每件事上即可。

在规划人生方面，有一个小技巧，叫逆推法。拿一张纸，在最上面写下你的终极人生目标，下面依次写出为了实现这个终极目标，你分别需要达成哪些分目标。

拿我的个人职业目标举个例子。在读研究生的时候，我当时最远大的职业梦想是能够拥有一间属于我自己的个人心理咨询室。用逆推法画出实现目标的轨迹图，如下：

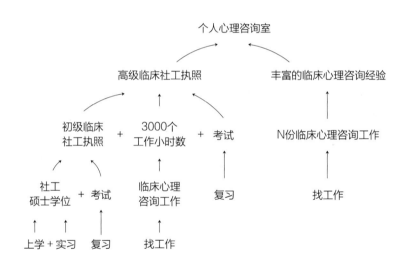

图2 我的个人职业目标规划图

通过这张"地图"，可以清晰地看到为了达到当时的职业目标，我在人生的每个阶段分别需要做出哪些努力。很多人问我一直以来不停向前的动力是什么。这张图，就是我的动力。每个人生阶段，我都会绘制一张类似的图，来引领我向前。

出国十余年后的今天，我不但已经顺利拿到了高级临床社会工作者的执照（*LCSW*），还通过个人努力于三年前正式开启了我的个人心理咨询室，当时所设立的所有职业目标都一一完成了。现在的我，依然在自己热爱的专业领域继续探索，也已经有了更高远的职业理想。我希望在不远的未来，可以完成三个心理治疗方法的培训，并成为密苏里州第一个选择性缄默症方面的专家，开启属于我自己的选择性缄默症治疗中心，帮助更多的来访者。

总之，逆推法适用于大大小小的目标，只要能找到你的目标，并踏实走好脚下的每步路，那么每个人都有潜力实现自己的梦想。梦想，只有实现了才有意义，否则永远只会是一个白日梦。千万不要忽略成功路上的任何一件小事，正是那一件件小事，一步步向前，才能把我们带向终点。把平凡的事做好，把平凡的每一天活出价值，这才是成功的开始。所有的以后都来自一个又一个平凡的今天。

完美学年从计划开始

　　研一一年的生活让我在美国的生存经验值增长了很多。研二春季学期刚开始，我就买了一本全新的日程计划本，开始为新学年做规划。我从学校网站上下载了本学期所有课程的教学大纲，把上课时间、作业截止日期、演讲日期等认真标注在了计划本上。此外，我迅速和实习机构及图书馆敲定好了这学期的工作时间安排，然后把实习时间和兼职时间也都分别标在了计划本上。看着满满当当的计划本，顿时感到动力十足。

　　上一学年的末尾，我终于确定好了专业下属方向。人生又有了明确的目标，突然觉得一切都变得清晰明了。之前因为缺乏计划，在基础实习时吃足了苦头，因此新年伊始我提醒自己千万不能在专业实习上重蹈覆辙。幸运的是，确定好专业方向后，我开始清楚地知道自己为什么要找专业实习，想找怎样的专业实习，以及该如何最大化地利用这次实习机会。这次做实习，就不仅仅是为了完成那些冰冷的小时数了，而是要从实习中学到具体的知识和职业技能，这对日后毕业找工作是至关重要的。想清楚这些问题后，我便在已经写满了的日程计划本中，又挤进去了找实习的任务。

对新学期进行规划时，除了课业和实习任务以外，另外对我很重要的一点就是如何更加健康地生活。这里的健康，主要指的是精神上的健康。过去的一年里，我一直处在一种亚抑郁的情绪状态里，烦躁、忧郁、易怒、孤僻、焦虑、拖延等种种负面情绪把我包裹得严严实实。我觉得，拥有这些负面情绪并不可怕，可怕的是你对它的无视、否定和逃避。每个人在漫长的人生中总会或多或少地被负面情绪困扰。在它泛滥之前，只要勇敢诚实地直面和解决它，多数负面情绪都是可以被控制和消除的。可若是一味放纵其滋长，那么负面情绪完全可能长成要人性命的恶魔。

因为精神健康是我的专业方向和个人兴趣，所以我尤其重视这个问题。因此，在为新学期制订计划的时候，我着重考虑了该如何帮助自己克服这些负面情绪。我觉得，当时我的很多负面情绪都来源于孤独和没有归属感：在美国待了一年之久，除了少数中国同学外，我并没有结交院里的其他美国同学。和新同学之间除了课上的简短交流外，课下并没有任何往来，所以根本无法融入他们的圈子。当一个人的部分社会属性受到局限时，孤独感便会油然而生。因此，我决定在新学期里大胆地多结识新朋友，努力在新环境中创建属于自己的朋友圈。

不得不说，克服孤独感，重建朋友圈，这不是一件容易的事，一定得花很久的时间，更不用说我面临的是异国的文化和人民。既然它不是一件一蹴而就的事，那就只能耐心等待时间给予答案。有人说，越钻研痛苦，就会越痛苦。我觉得这些负面情绪也是如此——你越去想它，就越容易深陷旋涡，难以自拔。所以，每当我感到郁闷时，就会强迫自己暂时忘记它，把注意力放到手头该做的事情上。有时候，好的状态是在你行动了之后才会找到的。当很多积极行动积累起来后，未来某一天这些问题就会自然而然地迎刃而解。

现在的我懂得了这些宝贵的道理，可当时的我几乎每天都在质疑它，还好忙碌的生活不允许我停下脚步。那个时候，虽然有时还会抱怨作业太多、实习太难、自己做的饭太难吃，但生活繁忙的我的确比第一年开心多了、充实多了。我渐渐觉得生活开始变得有滋有味，不管酸甜苦辣，至少我拥有的一切都是自己用双手创造出来的，所以感到非常幸福和满足。我觉得自己好像慢慢找到了适合自己的生活状态，重新变成了生命的掌舵人。

回想当初刚来美国时的窘相，觉得时间的魔力真是神奇。你看，人就是这样在不经意间慢慢成长慢慢强大的。很多事情，当你未曾接触它时，内心会因为畏惧而变得脆弱，会因为未知而把问题无限放大、魔鬼化。可是，当你慢慢接触它、钻研它、认识到它的真面目时，才会发现事情本身远没有你想得那么困难。

600小时的精神科实习

专业下属方向确定后，我找专业实习时就觉得目标格外清晰——我要找一份精神健康方面的实习工作。经过对实习机构的多轮筛选，我在春季学期便提早向三家机构提交了夏季学期的实习申请。多轮面试之后，我终于被巴恩斯医院录取了。

作为一家大型综合医院，巴恩斯医院是全美最好的十家医院之一。我的实习部门是医院的精神疾病治疗中心，负责的工作包括对精神科的患者进行评估，协助主管对患者进行个人心理治疗，并独立带领团体治疗。得知自己被录取的当天，我欣喜若狂激动万分，不仅仅是因为这家医院很棒，更因为这份实习完全符合我的专业方向，所以我无比期待能从中得到收获。

精神疾病治疗中心位于巴恩斯医院的十五楼，中心里全都是住院部，分为三个病区：重症区、老年区和普通区。重症区的患者全部都患有严重的精神疾病，可能会对个人或他人造成生命危害。老年区的患者都是六十岁以上的老年人，其中大部分人患有阿尔茨海默病。我实习的部门在普通区，这里患者的患病程度并不太严重，经过适当的住院治疗，即可在短期内出院。因此，这个区的患者流动量很大。

实习的第一天，我准时到达医院十五楼，沿着走廊朝主管的办公室走去。一路上，我注意到走廊里每隔一段距离就有一道门，每道门的玻璃夹层中间都镶嵌着一层铁丝网。一扇扇厚重的门紧紧地锁着，只有用员工门卡才能打开。每扇门上都贴着醒目的标识："注意！此处患者逃脱危险高！"看着这些高端的安全措施，我的心里直犯嘀咕，难道精神科真的像电影里演得那么可怕吗？这里的患者真的会逃跑吗？想到这里，我的神经突然紧绷了起来，对未来即将接触的患者产生了一种戒备心。

我的主管是一位六十岁的德国籍老太太，她在学生年代时来到美国读书，毕业后便留在巴恩斯医院工作，一做就是三十多年。看到我的一瞬间，她的脸上露出了巨大的微笑。我正准备迎上前去和她打招呼，她却抢先隔空对我说道："早上好啊，小姑娘！你准备好了吗？今天会是你迄今为止最具挑战的一天！"我还没把"早安"二字说出口，听到她这句话，我立刻就怔住了，心想：天啊，通常实习的第一天难道不都是跟在老板身后观察吗？或者读读实习手册、帮忙打印一些材料之类的？怎么会"最具挑战"呢？想到这里，我心里突然咯噔一下，不知道今天到底会遇到怎样的挑战。

还没等我反应过来，主管已经大跨步地走到我身边。她把胳膊搭在我的肩膀上，神秘地说："别害怕，我一定会把你训练成一名优秀的女战士！"紧接着，她十分豪放地笑了起来，洪亮的声音响彻整层楼。我突然有一种上了"贼船"的感觉。

第一件事，记人名。精神疾病治疗中心里，员工和患者加起来将近百人。走在走廊里，主管不断向我介绍着，这个是病房经理，那个是主治医师，这个是首席护士，那个是个案管理社工。其中的很多头衔称呼和治疗流程的专有名词，都是我在学校时从来没有学过的。面对一阵陌生信息的狂轰滥炸，我连忙打起十二分精神，丝毫不敢怠慢，快速做着笔记。

第二件事，熟悉并迅速掌握如何操作各种电脑系统，以及如何往系统里输入患者资料及治疗进度。感谢二十一世纪这个科技年代，凡是跟电脑操作有关的事一般都难不倒我。

最难的是第三件事，熟记每个患者的资料及治疗进度。主管告诉我，我们所在的普通区一共有十八张病床，也就是说如果全部病床都满员的话，我们要同时为十八位患者提供服务。因此，熟识所有患者的信息，是一件至关重要的事。我问主管，这么多信息，该如何才能都记住呢？主管看着我哈哈大笑道："小姑娘，起初你可能得依靠患者病历或评估表，但一旦忙起来，是根本没时间去临时翻阅这些东西的，所以还是得靠这里。"说罢，她用手指了指自己的脑袋。

我又连忙追问："那到底有哪些患者信息是必须熟记的呢？"

主管一边翻阅手头的资料，一边随口对我说道："任何和治疗有关或能帮助到治疗过程的信息，我们都应该了如指掌，比如患者的名字、年龄、症状、诊断、何时住院、何时出院、婚姻状况、家庭状况、经济状况、治疗目标等等。另外，这个患者是否有父母亲和兄弟姐妹，目前境况如何；是否有子女，目前境况如何；以上所有人的现居地在哪里，和患者关系如何等。还有，你必须知道患者的用药情况，是否有副作用，以及负责这位患者的主治医生和分管护士分别是谁……"

听着这一连串信息，我瞬间感觉大脑正在以N次方的速率拼命运转着，本想拿笔都记录下来，可是主管说话速度实在太快，我的笔速根本比不上她的语速。主管鼓励我不要着急记录，应该学会从纷繁复杂的信息中找寻出记忆链，并渐渐习惯依靠大脑，而不是笔头。我崇拜地看着她，纳闷她到底是如何从学生时代的菜鸟蜕变成今天如此强悍能干的女强人。主管看到我在私下嘀咕，突然温柔地鼓励道："不要觉得这是什么难事，习惯以后就好了。别忘了，我可是要把你训练成女战士的喔！明天我会对新入院的患者进行评估，你在旁边观察，相信你很快就可以独立上手了。"听到"独立上手"这个字眼时，我又顿时心头一紧。

充实、繁忙、紧张且疯狂的第一天很快就结束了。第二天一大早，主管便要对新患者进行评估。她对我说："今天的任务里，我们来做搭档。我负责采访，你负责记录，之后你把记录下来的信息输入到评估系统里，怎么样？"对于这第一次，我心里其实特别没底儿，但至少在当下，采访和记录两者比起来，很明显我更擅长后者，于是便欣然答应了。

治疗中心的采访室是一个并不大的独立小屋。我们进屋后，对面的患者并没有和我们进行任何眼神交流。她的身体显得相当单薄，懒散地倚靠在椅背上，一头浅褐色长发遮住了她憔悴的脸。资料显示，这位患者患有躁郁症，而且有长期的吸毒史。在她枯瘦的臂膀上，我可以隐约看到针头留下的青紫色印记。这是我有史以来第一次和患有精神疾病的瘾君子进行近距离接触。说实话，当时我非常害怕，我害怕她的毒瘾会突然发作，或是会由于情绪激动而冲过来攻击我。于是，起初的几分钟，我只是低头看着自己的笔记本，丝毫不敢抬头和她对视。

简短的自我介绍后，主管便直切主题，开始评估。起初的几轮问答里，她们的语速还较为适中，患者的回答也都很简短，所以我基本完整地记录下了所有信息。后来，当主管问及家庭背景等信息时，患者的情绪渐渐变得激动起来。她的语速越来越快，信息量越来越大，我完全跟不上她跳跃的思维。当她提到自己的吸毒史时，更是有很多单词是我完全不知道的。那些毒品的名字、用俚语表达的吸毒方式和工具、治疗毒瘾的药物名称等，完全超出了我有限的英文认知。我顿时慌了神。

我一边从她零乱的言语中凭直觉挑选关键词，一边着急忙慌地在本子上记录。当时，各式各样的记录法都派上了用场：记单词，写中文，画符号，标音标，甚至还画了简易的家谱图，总之怎么高效怎么来。我紧握笔杆的手快速在纸页间飞舞，没过一会儿就写满了几大页。

主管采访的时候，不停地用余光瞥我。从她吃惊的眼神中，我仿佛能听到她内心的呐喊："天啊，这个小姑娘到底知不知道她在做什么？怎么记了那么多笔记？"但我已经顾不了那么多了，这是我第一次做评估记录，我可不想漏掉任何关键信息。

评估结束后，我以光速飞奔回办公室，迅速开始往电脑评估系统里输入采访内容，生怕脑子里满当当的信息会瞬间消失掉。主管看我迫不及待的样子，前后叮嘱了很多遍："一定要言简意赅，切中要害，千万不要把你本子上密密麻麻的东西都照搬上去哦。"看着面前的笔记，我重新整理了一遍思路，抓重点，舍次要，聚精会神地把信息输入到了系统里。

当我怀着忐忑的心情将打印好的评估报告交给主管审阅时，她对我的工作效率和质量赞不绝口。我表面故作淡定，内心却早已乐开了花。

突然回想起来，读大学时为了复习英语专业八级考试，我曾下过很大功夫去攻克考试里的"听写"这个难关，当时就在反复练习听力、抓重点记录和用英文归纳总结的能力。没想到，很久前为了一个考试而练就的一些能力，多年后的今天竟然在工作场合派上了大用场。感慨万千。我突然觉得，我曾经下的所有功夫都是值得的，就算当时没有立竿见影，日后早晚也会见成效。没有任何一件事是会白做的。

我第一次独立采访的患者是T夫人。因为是第一次做采访，所以对自己问问题的方式和内容都非常不自信。T夫人起初显得有些烦躁不安，并质疑我问的问题太过无聊。我向她道歉，并耐心地解释了好久，才终于得到了她的配合。尽管如此，由于自己毫无经验，整个采访过程我基本都是被T夫人牵着鼻子走，自己完全无法掌握问答的节奏。不但如此，后来将信息输入评估系统时，才发现自己漏问了很多关键问题，只能再去病房打扰T夫人，进行二次采访。当时感觉尴尬极了。

大概评估了七八个患者后，我渐渐找到了正确提问的门道，既学会了如何和初识的患者寒暄破冰，又慢慢懂得了如何在不同话题之间起承转合。

最令人兴奋的是，我可以随时把当时在学校课堂上学到的咨询技巧付诸实践。比如，当天在课堂上刚学到如何进行开放式提问，第二天去医院实习时，我就可以立刻把各类开放式提问的技巧运用起来。如果在实践中遇到什么具体的困难，之后在课上还可以拿出来和老师同学们一起探讨。可以把课堂学习和职场实践紧密结合起来，这种感觉真是棒极了！我有史以来第一次感受到了学习的快乐和自己的进步，也由衷地为找到了这份实习而开心。

实习期间，除了为患者进行评估和撰写评估报告外，我还负责为他们进行团体治疗及个人治疗。这里所说的"治疗"，指的就是心理咨询。团体治疗，顾名思义，就是对一组患者进行心理咨询。可是，由于普通区的患者住院时间较短，很多人往往第一天住进来，第二天就出院了，所以短期心理咨询并不能对他们产生很大帮助。

因此，普通区的团体治疗就以主题式授课的形式存在，课程主要包括"如何克服焦虑感""如何克服消极思维""如何维持健康的人际关系"等。

说实话，我是一个不太擅长在众人面前讲话的人，更不用说是在一群患有精神疾病的患者面前，更不用说是要讲一些自己并不太擅长的话题，更不用说是要用英语讲！对我来说，这真的是有史以来最具挑战的任务。

因此，为了第一次团体治疗课程，我不知道做了多少准备。我把要讲的所有内容用英文一字一句地写了下来，制成幻灯片，定稿之后对着镜子反复练习，直至倒背如流烂熟于心为止。

第一次团体治疗的当天，我怯懦地走上讲台，看着下面的十几双眼睛，心扑通扑通地跳。深呼吸之后，我按部就班地把之前背好的讲稿一股脑地讲了一遍。

原本觉得自己发挥得还可以，没想到台下却状况频出：交头接耳的、昏昏欲睡的、提早离席的……我可以明显感觉到台下传来的信息：没人对我所说的东西感兴趣。看到这里，我倍感失落，赶快草草了事，之后仓皇而逃。

向主管寻求帮助后，我才发现了问题的症结所在。虽然我们把团体治疗称作"上课"，但它其实并不是真正意义上的上课。我和这些患者之间的关系也不是老师和学生，而是心理咨询师和案主。因此，一味以填鸭式的方式传递知识，很容易让患者失去兴趣。我应该做的，是在传递知识的同时与他们进行互动，激发他们去主动思考并反馈，这样才能给他们带去实质性的帮助。

之后，我和主管就这个话题进行了十分深入的讨论。也正是因为这次讨论，我才更深刻地明白了心理咨询师在一段治疗关系中的角色定位。以前，我总说自己想做一名心理咨询师，想去帮助他人，但是那时的我对心理咨询师角色的理解其实还是有些模糊。通过实习中亲身与患者们进行互动，通过与有经验的咨询师进行交流，我才在这方面有了更深层次的领悟。

在那之后，为了把团体治疗做得更好，我彻底改变了自己的"上课"方式。我把台上台下式的座位排列方式，变成了大家围坐一圈，同时将课程设计得更具有互动性。印象最深的一堂课是关于毒瘾这个主题。

一开始，我简略地讲解了"瘾"的概念、本质和症状，然后鼓励大家分享自己的故事。患者们不仅踊跃地分享了自己当初走上毒瘾之路的经历，还分享了自己的治疗过程，以及中间戒毒、反复、再戒毒、再反复的痛心历史。我适时对每个人的发言进行总结，并巧妙地将他们带入下一轮的讨论中。大家从彼此的坦诚倾诉中得到了情感共鸣和安慰支持，很多人在讨论中因为情绪激动而声泪俱下。当整节疗程结束后，每个人的脸上都露出了一丝释然和满足的微笑。当时，我真的感觉成就感爆棚了。

其实，在从未和患有精神疾病的人接触之前，由于一些刻板印象，我在他们面前总会因为感到害怕而战战兢兢小心翼翼。但是，在和他们近距离工作了一段时间后，他们在我心目中的印象便彻底改变了。虽然在被病魔纠缠的当下，他们可能会痛哭流涕，或歇斯底里，或怒发冲冠，或默默不语。但是，他们其实都和你我一样，渴望健康平和、幸福安宁的生活。

经历了这场实习后，我因为之前自己曾对他们带有一些狭隘偏见的态度而感到内疚，也希望未来能有更多人可以以客观、尊重和平等的态度去看待他们。

在巴恩斯医院度过的十个月中，我总共做了整六百个小时的实习，经手了两百多名患者，重度抑郁症、偏执症、躁郁症、精神分裂等基本都接触了个遍。回想起刚到精神治疗中心的第一天，抱着成堆的患者资料，面对着纷繁复杂的电脑系统，仿佛觉得这将是这辈子最难熬的十个月。可一转眼，就已经到了该离开的时候，这时才觉得这十个月像十天那样短暂且珍贵。

毫不夸张地说，这段实习经历在当时的确全方位地改变了我。它不仅让我更加坚定了自己之前选择的专业方向，也让我更加肯定了个人兴趣所在。虽然工作的当下压力很大，因为这丝毫不是一份轻松的活儿，但每当我的付出让患者的病情有所好转时，真的会有一种无法言喻的成就感。同时，这份实习让我更清晰地认识到了自己在专业方面的长处和短处，明白自己在未来的学业上还需要加强哪些专业知识和技能。

临走之时，我问了主管一个长久困扰我的问题："你在这种环境中工作了这么久，难道不会觉得消极和倦怠吗？"主管的回答给我留下了很深的印象。

她说："我十分热爱我的工作，当年我选择它时，就知道我要一辈子致力于这份事业。通过我的服务，我的患者们将来会一个个痊愈，这就是我追求的快乐。我用心去爱护和关怀他们，他们也会以同样的态度对待我。这样的工作多么有乐趣，怎么会倦怠呢？小姑娘啊，你要记住，未来无论你做什么，一定要追随你的真爱和兴趣而去。只要做出选择后，就一定要饱含热情，并让希望长存！这才是'女战士'该有的样子！"

"饱含热情，希望长存"这几个有力的字出自一位六十岁的老太太口中，突然让我觉得她的灵魂其实是如此年轻、如此鲜活。她虽然已步入花甲之年，但对自己的事业依然满腔热血、兢兢业业。我不由得为自己性格里的几分怯懦和犹豫而感到羞愧。

是啊，人生苦短，为什么不高兴点儿呢？做一个勇敢的战士，选择一项自己真正热爱的事业，然后扎下根去。只要永远怀着一颗鲜活年轻的心去做事业、过生活，那么人生中还有什么能难倒我呢？

以平等的心面对陌生的人

完成了六百小时的专业实习后，我在华大为期两年的研究生学习也已经渐入尾声。虽然那时的我每天依然马不停蹄地往返在学校、图书馆和宿舍之间，手头的日程计划本上依然被各种待办事项覆盖得密密麻麻，但是我的心理状态已经完全不同了。相比之前刚到美国时的迷茫、挫败和怯懦，我的内心逐渐增添了几分自信、踏实和坦然。现在想来，那种积极的心理状态有一部分是来源于对周边环境、人事及生活状态的熟悉，另一部分则来自对异国文化的了解和对语言更扎实的掌握。

说到语言方面的进步，我想好好花篇幅分享一下我的个人感受。我觉得，一个人在纯英语环境中展示出来的语言水平，最可能受到两大因素的影响：一是英语实力，二是自身心态。

从英语实力方面来说，十年前的我依然停留在"哑巴英语"的状态中：对话听得半懂不懂，口语多数情况张不开嘴，阅读和写作相对来说最好。形成这种局面的主要原因是，阅读和写作在出国前练习得最多，听力其次，口语最少。语言能力就像乐器一样，练得越少手越生，提升技艺的唯一途径只有反复练习。在美国的第一年，我将大部分时间都花在了阅读和写论文上，因此，阅读和写作能力在原有的基础上进步最快。因为常听老师讲课，所以听力进步的速度排第二。口语状况在第一年里依然非常惨烈，由于心态原因，当时敢于主动和身边的人用英语交流的次数少得可怜。

我在口语方面的神速进步发生在研二开始专业实习之后。由于实习原因，我被完全暴露在全英文的工作环境中，十个月里除了兼顾学业以外，每个工作日都要和实习医院的同事及患者用英文进行交流。结果就是，以前不会说的词语和表达法，听身边的人说得多了，自己也就慢慢地在潜意识里学了起来。以前总习惯犯的口语错误，闹几次笑话，反复被纠正之后，也就开始自然而然地多加注意了起来。久而久之，不但日常沟通的词汇量大大增加了，对工作中的专有用语掌握得也越来越扎实。日积月累，口语便取得了巨大进步。尽管因为突然想不起来该如何表达而在对话中卡住的情况还是时有发生，但已经可以十分流畅地进行英文对话了。比起一年前的我来说，这绝对称得上是质的飞跃。

更令人欣喜的是，伴随着英语能力的突飞猛进，我好像在不知不觉中也慢慢克服掉了内心不敢和美国人说话的障碍。必须得说，这种心态上的进步和成长是一种完全无意识的过程——处在实习当下的我，只是一心想着"如何能把这个采访做完""如何能把这次团队治疗课程上好"之类极具紧迫感的问题，根本不会想到"啊，他是美国人，我该怎么办"这样的概念。久而久之，我对自己和他人的定位，也从"我是中国人，他们都是美国人"逐渐转变成了"我是这里的一名实习生，他们是我的案主/同事"。长久和他们近距离相处下来，由于国籍和种族的不同而造成的界限，在我的脑海里渐渐变得模糊了起来。

再强调一遍，这种心态上的转变是完全无意识的。事情发生的当下你不会有感觉，往往是在事后回忆往事时，才惊讶地发现曾经困惑你的东西已经不再困惑你了。当心态转变之后，我才意识到，自己当初所谓的"哑巴英语"的状态，虽然跟英语水平有一定关系，但在很大程度上更可能是由于心态阻塞而导致无法发挥正常水平，就好像一个考生的知识明明掌握得很扎实，却也有可能因为过度紧张而在高考中发挥失常。

很多人都觉得，自己不敢张嘴说英语，是因为口语水平不够好，他们认为只有先把口语练好后才能改变自卑的心态。我却觉得两者的关系应该进行互换：只有先矫正错误消极的心态，才能勇敢地张嘴说，多说多练之后口语才能变好。这又如之前提到的认知行为学的核心理论（即思维、情绪、行为三者的关系）一样：只有当你拥有平和的心态，你才不会因为每次要说英文而在情绪上感到自卑、害怕、焦虑或紧张；当你在情绪上感到平和、镇定和自信时，说英语时才能较为顺利地展示出自己本身具有的水平，而且也不容易因为暂时的失败而灰心丧气、彻底放弃。

那么，在面对英语是母语的美国人，以及自身英语水平本就有限的情况下，到底该如何保持自信乐观、积极淡定的心态呢？从心理学角度看，改变一个人的消极心态主要有两种方法：一是直接去改变导致这种消极心态发生的诱发性事件（方法一），二是通过思维将这种消极心态转变为积极心态（方法二）。

方法一里，导致一个人说英语时产生自卑和焦虑情绪的诱发性事件可以有很多，可能是这个人的英语能力本身就有限，或是他曾经因为说英语而被当众嘲弄等。那么，要想改变这种诱发性事件，要么就得去刻苦提升英文水平，要么就去缓解童年阴影给其造成的心理创伤。

但是，一个有趣的现象是，不同的人对于同一诱发性事件的反应可能有着天壤之别。例如，A同学可能英文能力并不差，但却因为焦虑而总是不敢张嘴；B同学可能英文能力不如A，但却能在一个新环境里和身边的美国同学迅速打成一片。这是为什么？

归根结底，还是心态在作怪。也就是说，要想从根本上改变不敢张嘴说英语的局面，首先还得从方法二着手，即要学会如何将自己的消极心态转变为积极心态。在学会如何转变之前，要先弄明白自己为什么会有不敢说英语的焦虑感。

对于当初刚来美国时的我来说，主要有以下几种原因：一是我的确不知道该说些什么，总觉得无论说什么，都会异常尴尬，鸡同鸭讲，和对方不在一个频率；二是我担心自己说的内容有错误或有口音，导致对方听不懂。

究其根本，这两种原因背后的核心根源就是自卑——对自己的讲话内容不够自信，觉得对方不会感兴趣；对自己的英文水平不够自信，害怕犯错误。久而久之，越焦虑就越焦虑，越不敢讲就越不去讲，因为不练习而导致口语越来越差，因为口语差而失掉很多社交机会，因为没有社交而无法融入国外的生活圈，从而变得郁郁寡欢，因此患上抑郁症的不胜枚举。

既然已经明确地知道不敢说英语是因为对自己和自己的英语不够自信，那么我们就从这里切入，来尝试转换思维。首先，每一个敢于离开家独自去到一个陌生国家或城市的人，都是勇敢且值得尊敬的，更不用说你要被迫使用第二语言。像之前说的，无论你在新环境里做出怎样的突破，对你自己而言都是史无前例的进步，因此你完全有理由因为这份勇气而敬佩自己。

其次，我们是中国人，英语不是我们的母语，大多数人也不是以英语为职业的。因此，永远不要强求自己能把英语练成像中文那般游刃自如，或是像老外那样出神入化。既然英语是第二语言，那么我们说话犯错误、有口音、颠三倒四、反应迟钝等一切问题，就是再正常不过的。那些刚到中国留学的外国人们，也都是操着幼稚难懂的中文起步的。我们不会因为他们说话带口音或有语法错误，就嘲笑他们或拒绝与其交流，反而会因为他们锲而不舍大胆尝试的精神而由衷佩服他们。我们对他们如此，他们对我们也是一样的。所以，根本不用因为这些小问题而对自己的英文失去信心。实际上，每个母语非英语的外国人在讲英文时都会有问题，只不过程度深浅不一，内容形式不同罢了。

实际上，就算我们在说英语时带些口音，通常美国人也是能够听懂的。我读书期间，班上有位韩国大叔，口音之浓重已经到了惊天地泣鬼神的地步，每次他发言时，我都暗自替他捏把冷汗。即便如此，他总能保持一副自信满满侃侃而谈的样子。每当我因为听不懂他在说什么而感到纠结时，就发现在座的美国学生已经因为赞同他的观点而频频点头了。另外，不用说国际学生容易犯口语错误了，连美国人自己说英文时也经常错误百出。大乔曾经跟我说，在美国，黑人英语的口音最重、俚语最多、意思最难懂。和他们聊天时，你会经常听到他们说类似"He be stupid"或"Is you coming again tomorrow"这样时态不通支离破碎的句子。但是，这也完全不会影响大家彼此之间的交流。

举这些例子的目的是想说明一点，和标准的口音及零错误的句式比起来，言之有物、富有逻辑的英文才更为重要。对于口音或语法错误，只要常说常练，假以时日，都是可以改正好的。因此，你根本不用花那么多时间去担心你的发音是否足够标准、表达是否足够地道。你就算语音再标准、说法再地道，永远也不可能比纯正的美国人更标准更地道。相反，你想表达的思想才是最重要的。如果肚子里没货，就算语音再标准也没有意义。

其实，中国人要想把英语练成像大山的中文那般流利完美，不是不可能，只不过对于大多数人来说，这是一件性价比并不高的事。除了从事英语相关职业的人以外，大多数人学习英语的根本目的只是为了交流而已。在日常交流中，只要能把意思表达清楚，那么无论你是用简单易懂的初级词汇，还是用高大上的GRE词汇，其实区别并不大（后者反而会让人听上去怪怪的）。

因此，平时用英语进行口语交流，最重要的是要学会如何用简单的词语尽量清晰明确地传达自己的思想，不用因为词汇量稀少或句式单一而太过不自信，随着时间推移，这些都会自然而然得到解决。实际上，在美国待久了以后，我发现美国人在日常交流中用到的词语和词组大多都非常简单，但每个词的用法却相当灵活。所以，与其花费时间去钻研新词，还不如把现有的词汇量掌握得更扎实透彻些。

既然已经明白一些技术层面上的担忧是完全多余的，那么在口语的内容方面到底该怎么办呢？每当面对外国人便无话可说的情况该如何解决？这件事也曾困扰了我很久。一个有意思的现象是，如果面前的陌生人来自中国，我总是可以瞬间和他展开一场有趣的对话，上谈天文地理国家大事，下聊明星八卦个人生活，很少会觉得尴尬。但是，为什么眼前的陌生人换成外国人后，自己就立刻脸色发白大脑放空呢？

这还要归结到心态问题上去。一般情况下，当你看到一个外国人时，大脑就会立刻把自己和对方区分开来。在潜意识里，你会迅速感知你们彼此的国籍、种族、样貌、文化背景、家庭背景等一系列信息都是有本质区别的。

因此，你会下意识地认为自己和对方没有任何共同点，于是便会感到尴尬和焦虑——试想一下，如果双方毫无共同点，且都对彼此没有兴趣的话，这样的对话是很难继续进行下去的。

然而，很多时候大脑潜意识提供的信息并不一定都是正确的。理智地想，对方在作为一个外国人之前，首先是一个人。既然你和对方都是人类，那么就一定有作为人类的共性。比如，当你因为无话可说而感到别扭时，对方很可能也是如此。当一个中文一般的老外对自己的语言水平没自信时，如果你会善意地鼓励他的话，那么同样的情境中，外国人也一定会鼓励你的（奇葩除外）。

明确了自己和对方其实有很多相同属性以后，我便找到了一个很好的方法来解决这种无话可说的尴尬。每当我遇到一个陌生的外国人，我就会把他假想成是中国人。我要是想和一个中国人说什么，就和这位外国人说什么。

有时，我甚至会很直白地跟对方说："你知道吗，其实此时此刻我很紧张，根本不知道该说些什么，因为我来自中国，英语是我的第二外语，我对它很没有自信。"

每当我以这样坦诚的态度和对方交流后，对方往往会非常大方地回应。对于非常擅长赞美别人的美国人来说，更是如此。之后，我便会非常诚实地告诉他们我在美国生活有哪些不适应的地方，从这些话题继续延伸下去，就可以聊聊两国的文化差异、教育差异、生活差异等。总之，不要因为对方是外国人，就觉得好像大家来自两个不同的星球似的。中国人与外国人之间的相同点，要远远大于不同点，更何况很多外国人对于中国是非常感兴趣的。

如果对于这样自由发挥的聊天不是很有信心的话，你还可以尝试事先准备一些话题。

世界知名演讲培训组织Toastmasters曾经推荐过一个很妙的主意：他们建议每个人都积累二十个到三十个有趣的话题，供社交场合上与陌生人化解尴尬用。你看，外国人遇到陌生的彼此时，都会因为初次见面而无话可说，更何况咱们呢。由此可见，生人之间的尴尬难堪是多么正常的现象。

总之，在谈话中，你要慢慢尝试忘掉"我是中国人，他是外国人"，而要以"我是一个普通人，他也是一个普通人，我们只是来自两个不同的地方而已"的心态面对陌生人。

只要能用坦诚平等的心态对待对方，对异国文化饱含真诚的热情和好奇心，并对本国文化怀有自信心，那么彼此之间其实是有很多话题可以聊的。

看我现在说得倒是轻松，但来美国的前几年，我也一直都在被以上的种种问题困扰着。十多年后的今天，我才慢慢体会到这些道理。说实话，语言适应和文化融合，真的不是一蹴而就的事，必须要在异质文化中暴露很久，才能慢慢克服掉心里别扭的感觉。而且，仅仅暴露是不够的，还要在转变心态后踊跃尝试、大胆练习。千万不要觉得在国外待久了，语言能力就会自然长进。如果像我第一年那样每天和中国人抱团的话，语言能力不但不会长进，反而会因为长久不用而飞速倒退。

现在的我，几乎已经可以零障碍流利地用英语和家人、朋友、同事和来访者交流沟通了。但是，客观地说，我知道无论在美国生活多少年，无论我多么头悬梁锥刺股，我的英文水平永远都不会像美国人一样。一则英文诗歌就算再美，也永远不会像方文山作的词那样让我浑身一麻。这，就是语言敏感差异。这，就是文化差异。这，就是因为不出生成长在此地而无法弥补的东西。不过，这样的差异丝毫不会阻碍我与他人的沟通。

毕业不代表奋斗结束

2010年年底，我终于修完了所有学分，顺利从圣路易斯华盛顿大学毕业了。当我手捧社会工作专业的硕士学位证书时，内心五味杂陈百感交集。起初，我因为自己长久为之苦苦奋斗的目标终于得以实现而欣喜若狂，但那种欢喜和满足的情绪大概只在心里持续了几天而已，随后很快就被一种难以言喻的空荡荡的感觉取而代之。院里举行的小型毕业仪式结束之后，我就没什么理由经常去学校了。之前高度紧绷的生活状态戛然而止，整个人就像一条松懈的橡皮筋一样，再也使不出力了。

就像所有的毕业生一样，当我站在毕业这个人生的十字路口时，满心都是茫然无措的感觉。由于美国的社会工作领域发展得相当完善，当时我就决定毕业后在美国工作一段时间，积累些工作经验后再做打算。可是，就是因为要在美国找工作，心里才觉得格外忐忑。我只知道我想做一名临床心理咨询师，但却根本不确定作为国际学生的我到底能不能在这个国家找到一份理想的工作。

我曾经以为，要是能在美国顺利拿到学位，毕业后找工作应该是不在话下的。可是，经过两年的专业学习后，我感觉自己除了一纸文书以外，获得的扎实知识似乎有些有限。尽管我上了很多堂课，写了无数篇论文，但除了在专业实习时学到了一些东西外，我感觉自己好像并没有从课堂中学到什么扎实的硬知识。每每想到这里，内心就空虚极了。有那么一瞬间，我甚至不敢肯定花钱出国读书是否真的是一个明智的决定。起初我完全不知道这种空虚感从何而来，直到毕业后回头总结留学的这两年时，才渐渐发现，这其实是由中美两国截然不同的教育模式造成的。

当初由于对美国式教育过于陌生，加之对环境和语言的不适应，我在整个学习的过程中付出的主观能动性实在太少了。诚实地说，我在很长一段时间里几乎都是被各种作业的截止日期追着跑的。如果没有那些截止日期，我可能永远也不会去阅读那些晦涩难懂的书籍。在美国，如果你只是被动地学习，能学到的实实在在的东西的确会很少。这也就是我为什么会在毕业之际倍感空虚的原因。

如果再给我一次机会的话，我一定会事先做足对不同环境生存模式的心理准备，以便帮助自己尽快转换学习习惯和思维模式。由于被动的听课方式根本无法跟上美国的课堂节奏，所以我应该在课前认真阅读老师所留的读书作业，并对每堂课都做好预习，做到有备而来。在课堂上，我也不该像当初那样畏惧课堂讨论，而是应当尽早调整心态，挣脱语言束缚，积极主动地参与课堂互动。

总之，在教育方面，我的确是走了不少弯路，希望未来要出国留学的同学们可以吸取我的教训。我真的想说，如果你将要去国外读书，一定要适当调整自己对西方教育的期待值。西方教育更多的是培养一种独立思辨和解决问题的能力。在教育发生的当下，老师也只是在每个学生心中播撒下一粒种子。这粒种子日后是否可以生根发芽，全看个人的努力和付出。日后，当你毕业之时，你可能也会像当时的我一样，拿着一纸文凭茫然无措。那个时候，你一定要有耐心。如果你认认真真地走完了之前该走的每一步，那么你很有可能已经拥有了一种无形的软实力。无论你走到哪里，要坚信这种软实力早晚会使你受益。天底下没有任何付出是会白费的。

当然了，这是工作了几年之后的我才发出的感叹。当下处于毕业这个人生十字路口的我，因为前途渺茫而终日茫然失落。我能够确定的是，我要留下来，我要找一份跟心理咨询有关的工作。但是，对于该如何从这个点走到下个点，我毫无头绪，全无信心，好像很久以来的付出和收获又要被归零了。

我抱着一纸文凭和看不见摸不着的软实力，心情忐忑地站在人生的十字路口左右张望。

2011年1月 ― 2013年11月

Part

工作
是块难啃的糖。

我在摸爬滚打中成长

答题赢彩蛋

用微信扫一扫二维码，
收集获得彩蛋的通关密码

找到自己的核心竞争力

我在美国找工作的过程分为两个阶段：毕业前和毕业后。为了弥补自己作为国际学生的弱势，我其实在毕业前的暑期就已经开始着手找工作了，试图通过提前努力为自己在这场艰苦的持久战中占领先机。那时的我，和其他成千上万的应届生一样，只要一提到"找工作"三个字，就会下意识地联想到"做简历""写求职信"和"海投"。我以为，只要简历做得够闪耀，求职信写得够诚恳，海投的数量足够多，那么获得一份工作应该不是大问题。

秉承着这种原则和精神，我自以为胜券在握地投入到了找工作之战的第一回合：撰写简历、修改求职信、寻找推荐人……我一丝不苟地走完了每个环节。虽说是一丝不苟，但因为以前从没写过英文求职信，因此当时参考了很多网上搜索到的模板，我只是在这些模板的基础上做了些许修改，便觉得心满意足了。之后，我跑到各大招聘网站上，凡是看到要求社会工作硕士学位的招聘启事，就一股脑地把自己的资料海投出去，根本没有花时间仔细研究自己是否和这家机构的职位契合。很多求职申请寄出去之后，由于学业繁忙，我根本没有打电话去跟进，只是一味地被动等待而已。

可想而知，这样仓促盲目而又十分制式化的求职是不会有乐观结果的。不出所料，我投递的所有求职申请，大概有百分之九十都石沉大海杳无音信了，另外的百分之五以我没有工作经验和行业执照拒绝了我。唯有一个机构说愿意在毕业后聘用我，但他们的职位却只是一个仅需在夜间或周末去代班的临时社工岗位而已。

因此，我在毕业前为求职付出的所有努力都付诸东流打水漂了。也正是因为有了这次失败的经历，我在毕业后很长的一段时间里，又一次陷入了之前那种迷茫和自卑的情绪。毕业就是失业，对我来说，果真如此。因为没有了固定的作息，我像游民一样开始过上了昼夜颠倒的生活。上网、看书、睡觉、打电脑游戏……时间过得飞快，看着一页又一页被撕掉的日历，心里像是被掏空了一样冷清清空荡荡。

当时已经是我老公的大乔鼓励我要找些事情做，正好碰巧当时有出版社找到我，说想要把我学习英语的经历出版成书，于是我就一股脑地投入到了文学创作的过程中。我的第一本书《考拉小巫的英语学习日记》就是在这段时期完成的。

书稿完结之时，窗外的知了已经开始鸣叫了。我每天不停地刷着脸书（Facebook），看到当时和我一起毕业的同学们都已经纷纷上岗入职，在家久坐了近半年的我终于爆发了。其实那时我一直都不知道自己为什么会对"工作""上班"这样的概念如此恐惧，现在回想起来好像才隐约明白了一些。

诚实地说，从六岁到二十六岁的整整二十年里，我一直都生活在象牙塔里。除了几份十分短暂的实习以外，我从小学中学读到高中大学，再读到国内外的研究生，其间从来没有过任何正式的全职工作。正是因为从未正式踏足社会，我才打心眼儿里对未来的全职工作感到恐惧。没有什么事情要比未知更让人缺乏安全感了。虽然我很渴望拥有一份工作，对个人的职业兴趣也十分明确，但不知道为什么，当我终于脱离艰苦的学海，站在人生路口的交叉点时，却站在原地志忐得动弹不得。

找工作这件事本就非常令我害怕了，更不用说现在是要在异国找工作，仿佛我昨天才刚刚适应了一个角色，今天就要挑战更高难度的新角色了。几乎从我刚到美国的第一天开始，各种关于国际学生在美国找工作难的传闻就不绝于耳。经济萧条、竞争激烈、语言障碍、签证限制等种种因素，纷纷变身为各种异怪奇兽，虎视眈眈地挡在留学生在美求职的道路上，使来者各个畏缩不前谈虎色变。

虽然在美国读书的这两年里，我从语言能力到专业知识上已经有了很大的进步，但好像依然还是没法在潜意识里彻彻底底地甩掉"我是外国人"这个莫名的心态。它就像一根隐形的绳索一样，我想要飞翔却被束缚住双臂，想要飞奔却被捆绑住双脚。每当我想要为找工作做出努力时，就会听到心里的隐形小人质疑道："你到底凭什么跟他们本国人竞争？"是啊，论专业背景，我是半路出家；比语言能力，我是班门弄斧；拼职场经验，我是初出茅庐。那么，要想在美国职场立足，我的核心竞争力到底是什么？

一次和妈妈的通话中，我向她倾诉了对未来的迷茫、对现状的焦虑和对自我的怀疑。我跟她说，在看似强大的求职竞争者面前，我完全无法从自身找到一样东西可以让我立足，我不知道自己该怎么做才能变得像别人那样强大。妈妈听了我的困惑后扑哧一下就笑了。她很认真地对我说："孩子，你现在所有的困惑都来自你对自己的否定。一个人如果总是否定自己，就永远都没法看到自己的闪光点。你不能否定自己，因为只有把你身上那些无论是好是坏的东西拼合起来，才能构成完整真实的你。你根本不需要考虑该怎么做才能像美国人那样，你只需要考虑该如何做回真实的自己。你本身就拥有的那些东西，才是你的核心竞争力。"

妈妈的话让我陷入了一阵沉思……那些我"本身就拥有的"东西到底是什么呢？

我想，首先我拥有一颗乐于助人的心，这是我选择社会工作这个领域的原动力。我渴望帮助别人，尤其是青少年。他们对于我来说，就像是一本本耐人寻味的书，我迫不及待地想去读懂他们。我渴望用我所学到的专业知识去修复他们心中的伤痛。我真心因为他们的快乐而欣慰，因为他们的悲伤而心痛。因此，这颗真实真诚的心，就是我所拥有的最重要的东西。我选择心理咨询作为未来的工作领域，也是因为这份热忱和执着，而不仅仅因为我需要一份工作。

其次，在这个国家，我的身份是一名国际留学生。我曾经一直以为这个身份会让我在找工作的过程中处处吃亏，但现在细细想来，情况可能并非如此。任何事情都是有利有弊的，关键要看你如何去解读它。虽然国际学生这个身份有很多弊端，但同时它也让我拥有了美国人本身并不具备的优势。

例如，这段留学经历使我拥有了在两种文化中学习和生活的宝贵经历。现在的我可以在短时间内迅速适应不同环境中的文化和语言，这种快速适应能力可以帮助我比别人更快地适应未来的新岗位。此外，社会工作领域的特殊性要求在岗人员对不同文化和不同人群具有极强的包容心和关怀心。正因为我曾在不同文化中生活过，我就更可以以平等包容的心态看待其他问题。而且，我还可以把本民族优秀的文化理念运用到将来的工作中，为未来的团队提供认识和解决问题的全新视角。

想到这里，我突然发现，在找工作的过程中，我其实根本不必去淡化自己国际学生的这个身份。相反，我应该突出这个身份，因为这才是我与其他求职者的不同之处，是我的核心竞争力之所在。当你因为某个特点而无法被他人替代时，你才有机会被注意到，才有机会成功，这种成功才可能持续得更久。

想通这件事后，心里突然有种拨云见日的感觉。虽然我并没有取得任何实质的进步，但内心仿佛已经不像之前那么焦灼了，对未知的未来也多了一丝把握和信心。七月份的时候，我终于结束了漫长的休眠，打响了找工作之战的第二场战役。

求职，死磕每一个细节

凭借着渐入佳境的心态，我用了一个月的时间顺利考取了初级临床社工执照，这个执照在很大程度上提升了我在求职浪潮中的竞争力。这一回合找工作，我决定要彻底颠覆自己对求职的固有概念，从根本上重新审视"做简历""写求职信"和"海投"这三件事。

我要拿出当初制作留学文书时的工匠精神，死磕求职过程中的每一环节。

我曾经以为找工作的第一步是写简历和求职信，后来才发现，明晰自己的专业方向、职场兴趣并分析市面上的现有职位才应该是第一步。拿英语专业的毕业生来举例：虽然你拿的是英语专业的学位，但毕业后其实可以从事很多工作——教师、翻译、出版、营销、广告、导游等。这样看来，英语专业毕业生在求职时好像可以像八爪鱼那样灵活，可实际情况并非如此。

如果不对个人兴趣、自身的优劣势以及不同职位进行详细分析，那么很可能事倍功半。求职就像一场博弈一样，只有尽量做到知己知彼，才能胜券在握。

之前，我已经在"知己"方面做足了功课，现在我应该更加"知彼"才对——我必须得弄清楚市面上现有的职位到底有哪些，他们是些什么样的公司，分别需要怎样的人才。在各大招聘网站上进行了很久的搜索后，我发现在美国，社会工作专业硕士毕业生（这里仅讨论密苏里州临床方向的情况）能做的工作基本可以分为两大类：一类是个案管理，另一类就是临床心理咨询。通常情况下，前者属于大多数社工应届毕业生的入门级工作，后者相对来说则需要申请人有一定的临床工作经验。

根据个人兴趣，我给这两类工作排了序：心理咨询类工作排第一，个案管理类排第二，其余零散工种排最后，以防不时之需。在上次失败的求职经历中，我并没有进行这样的排序，因此对所有职位都一视同仁，全无主次，效率极低。这次找工作，我打算把70%的精力和时间分配到心理咨询类职位，25%的精力和时间分配到个案管理类职位，剩下的则可以放在海投一些临时工职位上。

制订好这套求职战略后，我眼前的目标就非常清晰了。我从网上精心筛选出了一份自己非常感兴趣的临床心理咨询师职位，认真浏览了招聘机构的官方网站后，结合个人兴趣和专业背景撰写出了针对性极强的简历和求职信。

我觉得，在写简历和求职信的时候，只是格式化地简述自己的背景和求职意向并不能算是优秀。真正优秀的简历和求职信，一定要格外强调你从之前的经历中获得了怎样的能力、这些能力是如何使你成为这个职位的有力角逐者的。你强调的这些能力，必须要尽量和对方招聘职位中需要的能力相匹配。

对我来说，因为我的临床心理咨询经验有限，而且只有初级行业执照而已，所以我在求职信中重点突出了在巴恩斯医院的实习经历，以及我从这份经历中获得的临床能力。此外，我还强调了自己是如何在短期之内成功考取初级行业执照的。言下之意是，只要给我机会和时间，两年之内我一定可以攒够3000个工作小时数，顺利拿到高级临床社工执照。

因为实在太喜欢这份工作，我对简历和求职信里的每个词都格外苛刻，写了又删，删了又写，前前后后修改出好几个版本。每当写完一稿以后，我就会再以HR的角度重新审阅自己的作品，看看如果我是HR，是否会被打动，是否会有冲动约这个人来面试。如果没有的话，就会彻底推翻重新来过。虽然我的目标只有这一个职位而已，但正是因为它既是我想做的，又是我能做的，我才更要下功夫去把这份申请做到完美，争取弹无虚发，百发百中。我想，与其糊里糊涂海投五十个职位试图以量取胜，还不如认认真真完成一份求职申请，从而以质取胜。

终于提交出这份求职申请之后，我便开始着手进行第二梯队的职位申请——个案管理类工作。个案管理和心理咨询的工作有很大不同，对应聘者能力要求的侧重点也有很大差异，所以我打算重新制作求职文书。

在网上筛选出大概七八份个案管理工作的招聘启事后，我开始重新撰写简历和求职信。说实在的，经历了第一回合的失败后，我就再也不相信世间有所谓的"百搭"简历了。无论是什么职位，我都会根据招聘启事中的具体要求，对简历和求职信做出相应调整，力求雇主所需要的就是我给他们展示的。无数轮修改后，我终于依次把这七八封申请提交了出去。

一个HR曾经告诉我，70%左右的美国求职者投出简历后是不会打电话跟进的，这种行为无异于你任由自己的申请石沉大海。所以，与上次求职过程不同的是，这一次我每提交一份申请，都会在三到五天后主动打电话跟进。

通过电话跟进，我不仅可以询问对方审核申请的进度，更可以使对方有机会更直观地了解到我。说实话，有时我担心由于我是外国人，对方就会下意识地低估我的英文沟通能力。所以，和HR通电话不仅可以让对方更直白地了解我的英文水平，而且还相当于为自己争取了一次小型电话面试的机会。

其实，无论在哪里找工作，激烈的竞争都不可避免。要想在大浪淘沙中脱颖而出，就必须勇于通过各种创新行为把自己和他人区别开来，让招聘者记住你。在一局博弈中，很多情况都是你无法控制的，比如HR到底是什么样的人，或其他竞争者到底有怎样的实力等。你唯一能控制的，只有你自己。

所以，在对竞争者一无所知的情况下，唯有强大自己、完善自己，才能提高胜算。

高手比拼的情况下，人和人之间的硬实力其实是不相上下的，唯有软实力的细微差别才可能成为最终决定成败的关键因素。因此，除了定期打电话跟进申请外，凡是用电子邮件提交的求职申请，我之后都会用精美的稿纸打印一份简历和求职信，用纸质信件的方式给对方邮递过去。每次进行完面试后，我都会寄一张感谢卡片过去。实际上，后来证明这些小细节的确在很大程度上让对方记住了我，因为之后有好几个HR在谈话中都提及了我寄的感谢卡片。

他们认为从这些小细节中，可以看出我是一个做事非常用心的人，说我的这份细心不仅体现了我对他们机构的喜爱，将来也会体现在我和客户的相处上。

不过话说回来，不同的HR性情不一，喜好不同。虽然有的人会因为这样的做法对你印象深刻，但也不排除其他人会觉得你像跟踪狂一样疯狂，甚至有些HR连打电话跟进这样的举动都会觉得反感。因此，在求职过程中一定要懂得视情况选择战略，并要学会拿捏尺度。

后来，我申请的职位渐渐多了起来，为了帮助自己更好地跟踪每份工作的申请进度，我在电脑里创建了一个Excel表格，把诸如公司名称、职位名称、职责简述、联系人信息、重要日期及申请进度等信息统统写了进去。有时突然接到一通电话，可能没法立刻反应过来它到底是哪家公司的哪个职位，这时只要调出这张Excel表格，扫一眼之后就立刻心中有数了。

就这样，我按照当初制订的求职攻坚战的计划，稳扎稳打地度过了两个星期。虽然执行层面上的很多事情都如期完成了，但每天的情绪都会跟着找工作的进度起起落落。每当接到电话或邮件回复时，我的心情就会像直冲云霄的过山车一般。可每当我不管怎样跟进都收不到对方的一丝讯息时，之前大好的心情就会跌至谷底，一瞬间仿佛看不到任何希望……

那段时间里，自信心真的是一种稀缺资源。我开始害怕自己找不到工作，害怕和妈妈打电话，害怕她会问我"最近工作找得怎么样"，因为我根本没有一个令人满意的答案。

在所有申请都仿佛石沉大海的那几天里，我甚至有想过转行，或者重读一个学位，但是发现其他任何选择都不会让自己真心快乐以后，就又不得不咬着牙继续撑下去。感谢大乔每天的鼓励，陪伴我度过了那段无比煎熬的日子。

　　我越来越发现，没有一件事像它看上去那么容易。无论我选择走哪条路，都一定会遇到那条路上随机自带的困难。比如说，去做翻译一定不会比做心理咨询更容易，回国找工作也不见得就比在国外找工作更轻松。

　　如果我因为害怕困难就放弃A而选择B，那么早晚有一天，我会再一次因为同样的原因而放弃B去选择C。这样的话，我这辈子早晚会吃半途而废的亏。一条路如果你不把它走到头，是永远都看不到路尽头转角处的风景的。

　　就这么想着、盼着，我硬着头皮熬过了一天又一天。正当我以为自己这一轮的付出又要付诸东流的时候，期盼已久的电话铃声终于响起了。

　　电话那头热情洋溢地说，我们认真地审核了你的申请资料，你来面试吧……

别打无准备之仗

第一家约我面试的机构正是我之前实习过的巴恩斯医院，这是一个急诊室里的个案管理员的职位。当时我真的兴奋极了——我在美国找工作的第一次正式面试，竟然就是我无比熟悉的老东家，真是天助我也！我暗自窃喜地想，巴恩斯医院我很熟悉，而且面试官中有两个人是我之前实习时就认识的，所以他们应该不会为难我吧。于是，我怀着天真幼稚不切实际的心情，在完全没做准备的情况下，就去参加面试了。

会议室里，我对面坐着五位面试官，稍许寒暄后，正对面的大领导开始发问了："你曾经在精神科实习期间的表现非常优秀，但这次的职位是一楼急诊室的个案管理。你对急诊室的工作有多少了解？"听到这个问题，我心头一紧，由于之前全无准备，所以大脑瞬间一片空白。这时，各种美国医务剧的桥段顿时涌入脑海，我开始毫无章法地东拼西凑。面试官们听完我连编带猜的答案后，彼此面面相觑。尽管我又生硬地强调了自己的适应能力很强之类的，对方还是一脸很难被说服的样子。

之后，护士长和楼层主管给我出了很多情景题，问我要是出现这样的情况会怎么处理，要是遇到那样的状况会如何判断等。说实话，那些情景对我来说实在太陌生了，我不但从来没有亲身经历过，甚至连想都没有想到过。由于我本身对个案管理的工作并不熟悉，回答起来全无重点。就这样，在我绞尽脑汁的"创意"回复后，这次面试草草收场了。

不出所料，第二天我就被拒了。

即便它并不是我的心仪工作，我还是因为面试首战失利而灰心丧气。颇具戏剧性的是，几乎在我刚刚读完拒信时，电话铃声就又响了起来。竟然又是一个面试通知，而且这次竟然是那份我最心仪的心理咨询师的职位！当时我完全不敢相信自己的耳朵，回过神后赶快满心欢喜地和对方敲定了面试时间。放下电话后，我感到浑身血脉沸腾，之前的失败情绪还没消化掉，心里就立刻涌来了一股暖潮。生活就是这样，先打你一巴掌，再赏你个糖豆吃，这种感觉实在太折磨人了。那种情绪的大落大起，现在想来还记忆犹新。

不管怎么说，我终于又盼来了一个面试，而且这次是我心中的完美工作！由于我只申请了这一份心理咨询师的工作，所以我必须要牢牢把握住这次机会！

有了上次失败的面试经历后，这次我一定要做到有备无患，绝不能再打无准备之战。在准备面试时，我采取的政策依然是"知己知彼"。虽然之前在投简历时，我已经对这家机构有了一定的了解，但现在要和他们面对面了，我觉得我对他们应该有更深入更全面的认识才行。于是，我把他们的官方网站又认真地读了一遍，机构历史、服务宗旨、服务设置、服务对象、年度财政报告、人员组成等一个都不落，就连网页上的客户故事都没放过。凡是官网上看到的东西，我不但把它们全部读熟记会，还练习了如何用最简单的英文进行复述，以备不时之需。

百分之百做到"知彼"后，我开始为面试问题做准备。起初，我使用了最为笨拙的方法，即去谷歌上搜索"经典面试问题"，并把搜索结果里前十页的所有文章一字不落地读了一遍。我把这些文章里提到的经典面试问题一一罗列下来，并进行分类排序。之后，我又在YouTube上进行了同样的搜索，并把搜索结果里前十页的所有视频都认真地看了一遍，同时做了详细的笔记。很多视频非常详细地讲述了面试问题的回答技巧，诸如该如何回答"请介绍一下自己""你为什么申请这份职位""你的优缺点分别是什么"等问题。即便这些问题看上去很简单，但要想精彩作答其实并非易事。

看了那么多YouTube视频后，我学到了两点在面试过程中至关重要的东西。首先，回答面试问题时，一定要用具体实例来支撑你的论点。例如，如果面试官问你最大的优点是什么，你如果只是说"我适应能力强"或"我工作效率高"，这样的答案会显得十分空洞，毫无说服力。如果可以适当补充一两个简短有力的实例来佐证你的观点，那么你的答案就会非常与众不同。

这样做的好处有二：第一，有了具体实例的佐证，你的观点会更容易让人信服。每个人都可以说自己适应力强或工作效率高，但只有恰到好处的例子才能让面试官对你记忆犹新。第二，通常情况下很多人都喜欢听故事，你要是能给面试官讲讲自己过去的故事，不但可以吸引他们的注意力，还可以使单一紧张的问答式面试，变为轻松活泼的聊天式面试。后者，是短时间内有效建立人际关系的关键之一。

需要注意的是，要想成功用实例佐证自己的观点，不仅要挑选十分典型且贴切的例子，还要在叙述实例时做到言简意赅。如果例子没举好，或是陈述时语言啰唆冗长，很可能会弄巧成拙。

　　我从YouTube视频中学到的第二个关于面试的重点，是和应聘者的心态有关的。长久以来，我都把面试想成是一种他问我答的拷问式经历，越是如此就越会紧张，越紧张就越会影响当下的发挥。可是，很多视频中解读面试奥秘的人都说，真正能够迈入面试一轮的应聘者，在实力方面其实是不分伯仲的。最后能被录取的幸运儿，往往是那个和面试官之间产生了"化学效应"的人。可想而知，在两个势均力敌同等优秀的人之间，要是你来做选择，也一定会更倾向那个在性格上能和公司文化更契合的那个人。

　　这样想来，如果面试当下的气氛是严肃、尴尬、紧张别扭的，那么恐怕结果也不会乐观。相反，如果能真诚地把面试官当成一个普通的陌生人，想象你只是要借助这个机会让对方充分了解你，把面试中的每轮谈话都当成是两个有着共同兴趣（即这份职位）的人的愉快聊天，也许你就不会那么紧张了。这样做不但可以营造一种轻松愉悦的谈话氛围，更可以充分发挥自己的水平，展示自己的人格魅力。

　　因此，结合从视频中学到的这两点建议，我将文档里罗列的大概五十道面试问题进行了详细的回答。每个问题我都会用具体真实的实例去支撑，并尽量用简洁易懂的英文进行表述。此外，在上次失败的面试经历中，我被很多情景题难倒了。这次为了做到有备无患，我便充分发挥想象力，天马行空般地臆想出来了各式各样的情景题。例如，你和领导的想法有冲突，你会怎么办？你的客户突然打电话说她有轻生的念头，你会怎么办？你咨询的一对夫妻突然在你面前大吵起来，你会怎么办？设计完这些情景题后，我认真地写下了自己的答案，同时尽量将答案与我过去的经历相结合。

把所有答案都用英语写得如此详细是有原因的——我必须非常用心地练习，才能在面试中看起来像是毫不费力。要想和英语是母语的美国人一起去竞争这样一份拼说话技巧的职位，这是当时我可以想到的唯一能够保我胜出的办法了。虽然这种方法听上去可能显得有些蠢笨，但我觉得对我来说是非常值得的。

面试前一晚，我独自在书房练习了三个小时左右，凡是我在文档里准备了的问题和答案，都已经练好背熟对答如流，里面配的所有例子也已经烂熟于心。所有的一切都准备好之后，我用精美的信纸额外打印了两份简历和求职信，打算第二天带过去，以防万一。确保所有的东西都万无一失后，我才小心翼翼地睡了过去。

睡梦里，我仿佛一直都在想，老天爷啊，请你一定保佑我拿到这份工作吧，因为我真的已经尽力了……紧接着，我好像隐约地看到了面试官，她严肃地站在我对面，脸上面无表情。她的嘴巴一直在动，一个又一个问题抛向我，我却听不到任何声音，顿时急得满脸通红。正要上前搞明状况时，耳边突然响起了嗡嗡的震颤声。

睁眼一看，原来是手机闹钟响了。

竟然已经天亮了。

面试就在今天。

这一关，我能闯过去吗？

面试的节奏由我掌控

睁眼时已经是早晨八点整。面试安排在十一点半。

几乎从起床的一瞬间开始，我的神经就进入了高度紧绷的状态。大乔早早给我做好了早餐，但我根本无心吃饭，随便啃了一颗鸡蛋后，就跑到外面去练习面试问答了。再一转眼，已经十点半了，两人火速穿衣出门，按时到达了面试现场。

这家机构的楼从外面看上去并不大，但进去后才发现它里面像个巨大的仓库，密密麻麻布满了一个个格子间。我紧张地在前台旁的凳子上坐定，频频深呼吸，试图让自己静下心来。刚坐下后没几分钟，人事部经理就准时出来迎接我了。她把我招呼进了一间小会议室，让我稍做等待。虽然我只等了大概三分钟，但那可能是我人生中最漫长的三分钟了……周围安静极了，我忐忑地等待着，双手紧抠着大腿，一呼一吸都觉得特别刺耳。

没过多久，会议室陆续进来了三个人：一个是机构副总裁，是一位身披齐腰银发的老太太，看上去十分和蔼可亲。跟在她后面的是项目主管，也是一位老太太，因为留着精干的短发而和前一位形成了鲜明对比。最后进来的就是人事部经理了，她看大家都准备好之后，便随手把会议室的门带上了。那一刻，我的心好像要从嗓子眼儿里蹦出来了。

我朝着她们仨热情地微笑，正要开口问好时，短发项目主管抢先开口说道："对不起，最近我们机构的心理咨询师们正在进行TFCBT的培训，刚才的培训会议结束得有些晚了，所以我们才迟到了三分钟，真的很抱歉，请你见谅。"

听到TFCBT这个关键词的一秒，我头脑里的电灯泡瞬间被点亮了！TFCBT是英语Trauma-focused Cognitive Behavioral Therapy的英文缩写，中文意思是创伤后应激障碍的认知行为学疗法，它是专门针对青少年情感创伤的一种心理疗法。记得在研二选修认知行为学课程时，老师还推荐大家去做TFCBT的网络培训。正是因为当时我做了这个网络培训，才对它略知一二。后来在医院实习时，又带过认知行为学的团体治疗课程，所以才对它更加感兴趣了。

因此，听到项目主管提到TFCBT这个关键词时，我赶快接话告诉她我做过TFCBT的网络培训，而且实习时还独自带过认知行为学的团体治疗课程。说到这里，我随即拿出了之前准备好的资料进行佐证——即TFCBT的网络培训证书，以及在医院实习时我自己制作的认知行为学团体治疗教程。

说实话，当时医院的德国主管提议我做这份教程时，我心里还有些不情愿，觉得工程太大，难度太高，后来是牺牲了很多休息时间才勉强完成的。没想到，在无数个日夜后的今天，这份资料竟然在如此重要的场合派上了用场。这再一次证明，没有任何付出是白费的，只要足够用心，早晚有一天会得到回报。

看到我准备的资料，项目主管一脸惊诧，赶快拿过去开始认真翻看。当时，她的眼睛里好像都闪着光，乐得合不拢嘴，连声称赞。我的心里立刻乐开了花。趁她阅读我的资料时，我便开始介绍在巴恩斯医院的实习经历。我一边讲，她们一边认真地倾听着，中间自然地穿插着一些问题。面试，就在这样轻松愉快的聊天氛围中开始了。聊着聊着，大家都入了神，过了很久以后，项目主管才笑着说道："跟你聊得这么开心，我们都忘记让你做自我介绍了。你简略地介绍一下自己吧。"经典面试问题一，中了！我一边胸有成竹地微笑着，一边若有所思地在脑海中寻找答案，然后有节奏地把事先准备好的答案清晰自信地讲了出来。

面试越深入，我越惊喜地发现，无论是项目主管问到的微观问题（如临床工作经验和情景题），还是机构副总裁问及的宏观问题（如为何申请这个职位、对这家机构的了解、个人职业规划等），没有一个是逃出我的准备范围的。每当她们的问题一出口，我发现完全是我准备过的，便在心里偷笑着呐喊"YES"。虽然看上去我好像是在嗯呀啊呀地组织语句，但完整的答案其实早就在我心里了。每当我用一个个有趣的例子去补充答案时，就会看到对面三双好奇的眼睛迫不及待地期待着故事的结局。她们会跟着我的叙述一起进到故事的情境中，会因为感动而大发感慨，因为有趣而放声大笑。当下，我感觉我已经慢慢掌握了整场面试的节奏。

说来也怪，当时我不但不觉得紧张，反而越聊越兴奋。除了事先准备的内容外，我竟然还临时想到了很多想说的话。我诚实地告诉她们，虽然我是中国人，英语不是我的母语，但过去两年的留学经历让我变得越来越强大。无论曾经遇到过多少困难，每一次我都坚持了下来，从来没被困难击垮过。因此，哪怕这份工作可能是一段过山车般的经历，我对它也依然怀着坚定的信心。我相信我一定能胜任这份工作，并成为一名出色的心理咨询师，因为支撑我的是我的兴趣和信念。虽然我的竞争者都是美国人，但我相信我比他们任何人都更加热爱这份事业。只要是为了梦想，没有任何东西能够阻挡我前进的脚步。这些话显得很高大上，听上去有些陈词滥调，但在当时的那个场景里，字字都发自肺腑。

我激情澎湃地描述着自己对梦想的热爱和坚持，似乎都快要忘记这是一场面试了，好像这是一场个人梦想分享会似的。我的"励志演讲"结束后，对面三个面试官惊讶地看着我。随后，项目主管大声地感叹了一句："我实在是太欣赏你了！"紧接着，人事部经理问了我三个问题："你对工资有什么要求？你对福利有什么要求？你几号可以开始正式上班？"听到这里，我的内心连声呐喊了三个"YES"！

当时我的心里已经有八成胜算了，因为自己好像这辈子都没经历过这么让人舒服的面试。我在想，如果我对一件事有好的感觉的话，对方是否也会如此？面试结束后，我走出大楼，低头一看手机，本来计划要进行四十五分钟的面试，竟然整整花了一个半小时。一直在停车场耐心等待的大乔看到我出来了，激动地冲上前来。我完完整整地向他描述了面试的全过程，跟他说我感觉有戏，然后两人满怀信心地拥抱在一起，仿佛我已经得到了这份工作似的。

可是，我的感觉到底准确吗？

至此，我能付出的已经全部付出了，事情的成败现在全掌握在对方手中。每当一件事不由我掌控时，我就会不由自主地慌张。一颗心悬在半空中，那种不上不下的感觉，难受极了。

接下来要面对的，就是那件我这辈子最讨厌的事情——等待。

又一次听到梦想成真的声音

总听人说，聪明的人应该懂得如何在"专一"和"不在一棵树上吊死"两者之间找到一个平衡点。因此，即便我很中意这份心理咨询师的工作，也觉得自己表现得很不错，但在那之后的几天里，我还是尽量说服自己沉下心来，继续完成之前未完成的其他申请。没过多久，我之前提交的几份求职申请便陆续有了回应，接连几天都在忙着进行各种面试。

当时出现了一个让人十分进退两难的状况。经过了近一个月的求职历程，我收到的第一封录取信，竟然是来自一家招聘个案管理员的小机构，他们希望我在三个工作日内给予他们答复。眼看三天的期限快要到了，我最心仪的机构却依然杳无音信。我到底该怎么办呢？如果为了等待心仪工作的录取结果而拒绝了现成的offer，万一最后落个两头空怎么办？或者，如果我知趣地接受了这份工作的录取，万一最后心仪工作也要了我，岂不是要和梦想的工作擦肩而过？一时之间，这种难以取舍的状态让我感觉像是热锅上的蚂蚁一般焦灼难耐。

当你感到被现状所困而找不到出路的时候，一定要向比自己有经验的人寻求帮助。想到这里，一个人的形象突然浮现在了我的脑海里。他是我在医院实习时结识的一个好朋友。他叫Randal，六十岁左右，是医院的神职人员。由于工作原因，他总是特别乐于陪别人聊天，尤其喜欢聊一些有关人生哲理的问题。在我看来，他是一个真正的智者。每当我因为各种困惑去找他倾诉时，他的话总能像扫帚一样为我扫去心灵上的灰尘。

因此，当下我立刻拨通了他的电话，告诉他有一件事让我很难抉择，想向他请教，问他是否有时间。他干脆地给予了肯定的答案。一个小时以后，我俩同时出现在了巴恩斯医院楼下的公园里。不需寒暄，直切主题。我开始向他详细叙述目前求职路上的困境，以及面临两份工作的艰难抉择。

我边讲，他边全神贯注地倾听着。当时，他的眼睛注视着地面，只是把耳朵支过来，一边听一边眯着眼睛微笑，并随着我的倾诉有节奏地点着头。我说完后，他扭身看着我，说："Joy，你刚才的叙述中，说了太多'大家'的观点和这两份工作的硬性比较。我不想听这些，我只想听你内心里的真实想法。你心里最想要的是什么？跟我说实话。"我一怔，停顿了几秒钟，然后脱口而出："其实，可能是因为我太在乎这份心理咨询的工作了，所以心里已经装不下其他工作了。"听罢，他笑着对我说："看，你心里其实已经有答案了。"

我又是一怔。

Randal告诉我，当一个人觉得快要失去方向时，要学会聆听自己内心的声音。他说，人其实是有六官的，除了普通的五官之外，还应该加上心灵。当你焦虑、担忧、不确定时，应该静下心来用这六官仔细聆听，就会发现其实心中自有答案。大脑虽然是人生旅船的发动机，但只有用心灵来做导航仪，才能保证你不在人生的旅程中迷失方向。

　　就这样，我们绕着花园走了一圈又一圈，聊了整整一个下午。从工作选择，聊到人生梦想，继而谈到了生命的意义。聊得累了，我们便找了一条长椅坐下来。刚一坐下，他的手机就响了。他接电话的时候，我便无聊地摆弄着自己的手机，这才突然发现手机上有一个未接来电和一条语音留言。我赶快调出语音留言收听，竟然是心仪机构的人事部经理打来的！我瞪大眼睛竖起耳朵又认真地听了一遍。可是，她的措辞绕来绕去，太过激动的我根本不确定她到底是什么意思。

　　Randal刚挂了他的电话，我立刻激动地对他说："天啊，他们来电话了！你快听听，他们到底什么意思？"我把手机递到他的耳边，他的眼睛继续目不转睛地注视着地面，表情严肃地认真倾听着。听着听着，他的眼神好像流露出了一丝笑意。又过了几秒，他的两个眼睛渐渐地笑弯了。再过几秒，他的整个脸都浮现出了那个我无比熟悉的弥勒佛般的微笑。他的那个微笑，我这辈子都忘不了——那就像是爷爷终于得知孙女平安到家后的释然的笑，又像是爸爸第一次看到女儿走路时的喜悦的笑。各种笑意汇聚在他的脸上，阳光映射上去，像极了教堂墙壁上挂着的玻璃彩绘。

　　听完留言后，Randal抬起头兴奋地对我说，他们想要你。我激动地问你怎么知道？他说，这位女士留言时声音有些颤抖，因为她担心你会拒绝这份工作。我崩溃地说，天啊，我怎么可能拒绝？我巴不得要去呢！他摇摇头说，不不不，一般雇主对自己最中意的候选人，都是非常谨慎的，生怕对方被别人挖走。所以，我该提前祝贺你才对喔，你看，刚才还阴云密布，现在已经拨云见日了。

　　那一刻，我的心情真的是无法言喻。看着Randal那张充满喜悦的脸，我难以置信地用双手捂着嘴，眼泪瞬间从眼眶中倾泻下来，顺着指缝流到了胳膊上。没过多久，眼泪和鼻涕就混淆不清地挂满了整张脸，尴尬万分。但是，当时我根本顾不了那么多，我能想到的就是，我的梦想实现了！现在想来，我实在是太滑稽了，自己还没跟对方确认，我到底流的是哪门子泪啊？但当时的我实在太激动了，太兴奋了，经历了那么多天未知的等待后，终于等来了这一刻！

又一次，我真真切切地听到了梦想成真的声音……

之后，我以迅雷不及掩耳之势和人事部经理进行了约谈。谈工资、谈福利、办手续、签文书，一切都显得那么顺利。最后的最后，所有入职手续都已办妥后，人事部经理开心地握着我的手。我看着她的脸，突然感觉那一幕和数天前的梦境既相似又不同。当时，她就那样静静地站在我的面前，脸上露出的却是灿烂的微笑。我看着她的嘴，竟然可以清晰地听到她说的每一个字："欢迎你加入我们的团队！"

那一刻，时间仿佛停滞了。过去几年在我身上发生的一幕幕，像微缩电影一样在脑海中迅速回放——第一天来到美国，盘中生硬的面包片，多半听不懂的课程，午夜独自流下的眼泪，一路以来经历的每个小失败，每次失败之后像豹子一般冲出去的身影……这一桩桩一幕幕连接起来，把我带到了今天。各种艰难和不易，只有自己心里最清楚。

临走时，我好奇地问了人事部经理，这份工作当时到底有多少人申请？人事部经理拍着我的肩膀说："一共收到68份在线申请，我们面试了14个人，你是里面最棒的！"

内心又一次抑制不住地呐喊着"YES"！

当我第二次走出这幢大楼时，外面正在下着倾盆大雨。我跳跃着跑到车里，地上的雨水溅在身上，却丝毫不觉得有任何凉意。千斤重担从肩头卸下，我浑身都感觉轻松极了。虽然这份工作的工资很是微薄，但我还是因为终于做上了自己真心喜欢的事而兴奋不已。开车回家的路上，碰巧是交通高峰，加上正在下雨，高速路上堵得水泄不通。但是，路堵心不堵，那一秒，我觉得眼前看到的一切都是不可多得的美景。就连平时厌烦的音乐，今天听上去都觉得如此动感。

回到家后，我迫不及待地拨通妈妈的手机，冲着电话那头刚起床的她兴奋地喊道："妈妈，我找到工作了！而且还是我最喜欢的心理咨询师的工作！我真的做到了！"

为了这一刻，我不知道等待了多久。一直以来咬牙坚持不放弃，一方面是想证明自己，另一方面更是想让家人为我感到骄傲。现在终于等到了这一刻，激动的心情难以言喻。现在回想起来，2011年那一年对我来说实在太艰难太动荡了。曾经无数次想要放弃，想要转行，想要从头来过，但又无数次艰难地支撑了下来。每每想到我曾离放弃仅有一线之隔时，心里就觉得很是后怕。语言是无法形容那种感觉的，只有经历过的人才能体会。

不管怎么说，在27岁的这一年，我终于成功地完成了从学生到社会人的转型，即将踏入充满神秘感的美国职场。这是我有生以来的第一份全职工作，所以我的心情复杂极了，兴奋、紧张、期待、忐忑、好奇、跃跃欲试……

入职二十四小时

出乎意料的是，终于找到人生中第一份正式的全职工作之后，那种极度兴奋的感觉只持续了大概两天之久。虽然之前的我信心满满胸有成竹，对职场充满了期待，但期待的同时，也会由于未来的未知而感到些许忐忑。真正的职场到底是什么样的，我心里一点底儿都没有。我只知道自己喜欢做心理咨询，喜欢和孩子在一起工作，但是我是否真的能胜任这份工作？未来的客户是否能接受和喜欢我？在即将开始的职场生涯中我又会遇到哪些困难和挑战？一切的一切都是未知的……

入职当天，我精神饱满地准时来到了机构。人事部经理从之前的考官一下变成了我的同事，热情洋溢地带着我去和其他同事打招呼。机构里上到总裁，下到清洁工，每个人都十分和蔼可亲，风趣幽默。可是，当我发现我是机构里唯一一个外国人时，那种"我是中国人，他们都是美国人"的别扭感觉顿时又回来了。即便我曾经很努力地试图克服这种心态，甚至感觉有一段时间几乎快要彻底摆脱它了，可当下的我还是不由自主地觉察到了内心的忐忑不安。

我的主管——也就是当时面试我的短发老太太——名叫Beth。见到我以后，她兴奋地从办公桌后面走过来拥抱我，并热烈地欢迎我加入这个团队。Beth向我介绍说，我们的机构是一家非营利性质的儿童基金会，机构提供导师服务、寄养服务、心理咨询和个案管理等多项服务。我所在的心理咨询部主要为本市四岁到十九岁的孩子提供三个到六个月的免费上门的心理咨询服务。除此以外，机构还会在节假日期间捐献大批学习用具、书籍和衣物，供经济困难的家庭使用。

我问Beth，既然这些服务对客户是免费的，那谁来付咱们薪水呢？主管解释说，机构的所有服务都是市政府公益项目的一部分，每年市政府都会拨款给机构来维持各大公益项目的运营。此外，来自私人、企业、学校或教堂的捐助也是机构的重要收入来源之一。

入职的这一天，正好赶上了心理咨询部的月度部门会议。第一次和十多位经验丰富的心理咨询师坐在一起，当下那种紧张局促的感觉是如此似曾相识，一瞬间好像自己又回到了华大的课堂上。会议上，同事们你一言我一语，讨论的全都是有关项目和案例的话题。由于我对这一切还毫无了解，所以听得一头雾水，挫败感极强。作为职场菜鸟的我，当时只能安安静静、小心翼翼地坐在那里。

会议结束后，我还没来得及消化上一轮的信息轰炸，紧接着就是和主管一对一的督导时间。高效率地为我介绍完项目设置和工作流程后，主管马上就给我分配了三个案子。看着三份摆在面前的客户档案，我感觉全身的血液瞬间凝固了。我在心里呐喊道："这才是入职的第一天，我连员工手册都还没来得及读，就已经要开始做案子了？我还根本不知道要拿这些案子怎么办啊！"看到我求助的目光，主管耐心地建议我从了解客户资料开始。

于是，我捧着三大摞客户资料开始认真地读了起来，连午饭都没来得及吃。正读得入神的时候，主管突然拍了一下我的肩膀，问我为什么还不回家。抬头一看表，竟然已经快下午五点了。主管叮嘱道："咱们机构的咨询师不需要坐班，工作时间完全由自己安排。只要你每天做够规定的小时数，什么时候下班都可以。现在时间不早了，你赶快回家吧，以后不可以待到这么晚喔。"说罢，她便离开了。我站起身一看，果然大多数同事都已经回家了。于是，我收拾了一下东西，便离开了机构。

刚到家没多久，手机突然响起了提示音，原来是一封来自主管的邮件。打开邮件，我错愕地发现主管又分配了两个案子给我，瞬间有一种要崩溃的感觉。回想过去的半年，我几乎每天都过着毫无规律的生活。现在突然要从松散的游民状态迅速转换成快节奏的上班族，感觉非常不适应。本来就对职场生活不熟悉的我，上班第一天竟然就拿到五个案子，真的是倍感压力。

怀着郁闷、恐惧、忐忑和焦虑的心情，我提前上床准备睡觉，好为第二天繁忙的工作做准备。可是，躺下以后，辗转反侧，脑海里不断闪烁着琐碎的画面，亢奋的大脑像播放电影一样把工作第一天的情景完整地回放了一遍。仿佛过了很久，我突然醒了过来。睁眼看表，竟然已经夜里十二点半了，我却感觉好像一分钟都没有睡着。

无奈，我抱着被子跑到隔壁书房去睡，心想换个环境可能会好一些。可是，刚一闭上眼睛，大脑又开始了高速运转，像一台时空机器一样带我飞向了未来。在那里，我仿佛看到自己胆怯地敲开客户家的门，笨拙地向他们介绍机构的项目，并拙劣地给他们做着心理咨询。我看到主管起初对我很满意，但随即突然变脸，拍着桌子严厉地训斥我。我想象自己因为压力过大而患上了抑郁症和焦虑症，掉头发，流眼泪，甚至因为对人生绝望而动了轻生的念头。一秒钟后，我又因为自己竟然冒出了这种念头而突然惊醒。

再一看表，凌晨两点。还是睡不着。

我又烦躁不安地抱着被子回到了卧室，推醒了正在熟睡的老公，开始抱着他大哭。那一瞬间，过去一天积蓄的压力终于决堤了，眼泪如潮水般从眼眶里倾泻而出。我一边大哭，一边叙述着自己焦虑的情绪。大乔就那么一直认真地倾听着，安慰着我，陪着我。我哭着哭着，到了凌晨四点多才昏昏沉沉地睡了过去。再次睁眼的时候，已经是早晨六点半了，整晚才睡了不到三个小时。即便如此，也只能强打精神，带着疲惫的身体、胀痛的脑袋和浮肿的眼睛，起床，上班。

说实话，开车去机构的路上，我害怕极了，因为我根本不知道今天要如何度过。想想我的同事们，个个都是有多年经验的职业心理咨询师，他们每个人看上去都是那么的自信和能干。相比之下，我显得如此渺小和无知，毫无存在感。又一次，我不由自主地把自己和他人做了比较，自信心因为自己与他人之间的巨大悬殊而荡然无存。那种感觉和当年刚来美国时的感觉一模一样，我开始纳闷自己为什么又回到了这个莫名的轮回中。

突然，手机响了，竟然是我的好朋友胖咸鱼。我迅速接起电话，和她倾诉了多日以来的苦闷。耐心听完我的吐槽后，胖咸鱼开始慢慢引导和鼓励我。她说，社会化（这里特指工作）是让一个人从孩子成长为成年人的重要因素之一。一个人如果永远不工作，那他在三十岁时可能依然会觉得自己是个孩子；相反，那些自幼独立闯荡社会的人，可能十五岁时就会有一种老成练达的感觉。正因为我从未真正接触社会，在短时间内进行这种角色转换自然会觉得困难。胖咸鱼告诉我说，她当时大学毕业后刚刚工作时，几乎用了整整一年的时间才彻底适应了朝九晚五、毫无寒暑假的快节奏职场生活。因此，我目前经历的一切都是再正常不过的。

我纳闷地问她，虽然我没正式工作过，但至少之前做过几份实习，也算是接触过一点职场，可为什么现在还是如此难以适应呢？胖咸鱼笑着说，全职工作和实习的差别是很大的。实习时，我的角色是以学习为主的免费劳动力，老板不但不会对我期待过高，反而会主动为我提供观察和学习的机会。可是工作时，我的角色是以为公司创造效益为主的正式员工，身上背负着明确的工作量，要是无法按时完成任务，可能会给公司带来损失，因此老板对正式员工自然也就更严格一些。而且，平日里大家都有工作在身，自然很少有人能腾出时间来教我，这时只能靠个人的主观能动性去勤加学习，才能快些赶上进度。

虽然这些道理我都懂，但心里还是很着急，不知道什么时候才能追上我的同事们。胖咸鱼猜中了我内心的担忧，开玩笑地说："你的老毛病是不是又犯了？是不是又在盲目地拿自己和别人做比较啊？哎，你想想，作为一个毫无工作经验的人，刚进新公司，你就强求自己在第一周里用完美表现震撼别人点亮全场，那你让你的老板怎么活啊？她可是干得头发都白了才坐上主管的位子的。这就好比，一个大一新生想在上学第一天就写出一篇完美的论文去PK博士后，你觉得这符合逻辑吗？"

听了她的质疑，我突然破涕而笑。当她直白地点醒我时，我才突然意识到自己目前的自我预期到底有多么不符合实际。是啊，我又犯了盲目攀比的老毛病，即便一直以来都在试图改正，但有时还是很顽固不化。自身缺点就像弹簧，你强它弱，你弱它强，你必须得时刻警惕它，有意纠正它，才能保证不会再次被它吃掉。现在回想起来，其实当时摆在我面前的难题并不复杂，我只需要耐心去熟悉、适应、学习即可，根本不用把它灾难化。可是，处在当下的我，的确是被一系列的变化整得不知所措。

感谢胖咸鱼，她及时拯救了陷入负面情绪旋涡的我。当我再次迈入机构大门的时候，肩头已经感觉轻松了许多。虽然眼前依然还有很多繁重的工作，但我终于又可以静下心来理性地面对一切了。我拿出新买的日程计划本，开始耐心地对新工作进行规划。

当了逃兵的菜鸟咨询师

入职第二周，主管给我派了一位"师傅"。说是师傅，其实就是我的一个同事。他大概四十岁，长了一脸胡子，咱们就叫他大胡子吧。听主管说，大胡子三周后就要离职了，我负责接手他手头所有的案子，所以从这周起大胡子会带着我一起去见客户。听到这个消息，我兴奋极了，有大胡子带我，我一定能从中学到很多东西，再也不用担心没有方向感了。

我要见的第一家客户住在一个有些萧索的住宅小区。在那之前，我从没去过除大乔爸妈家以外的其他美国人家里，更别说去美国人家里做心理咨询了。因此，对于进了客户家里后会发生什么事，我一无所知。不过，一想到有大胡子和我在一起，就觉得安心多了。我心想，既然这是我第一次上门做咨询，那大胡子肯定会负责主说的，我只需要坐在旁边认真听就可以了。

我到了客户家门口后没多久，大胡子也到了。我们彼此打了招呼，然后一同往客户家门口走去。说实话，当时我紧张极了。即便有大胡子在，我也还是因为这是第一次而紧张得手脚冰冷，全身发抖。每往前迈一步，我的心跳就加快一些。等我已经站在客户家的门廊上时，感觉心脏都快要从嗓子眼儿里跳出来了。

　　这家人是什么样的？他们会友好吗？会喜欢我吗？会排斥我吗？他们会愿意和一个中国面孔的心理咨询师工作吗？一个又一个问题从我的脑海里冒出来，我忐忑的心咚咚地跳着……

　　大胡子好像觉察到了我的紧张情绪，试探性地问道："你之前有过在客户家里为其提供心理咨询服务的经历吗？"我摇了摇头，告诉他这是我的第一次。他笑着安慰道："没事儿，放轻松，没有你想得那么可怕。"他用手指了一下门铃，示意让我去按门铃，主动出击。我紧闭双眼，深吸了一口气，然后使劲按响了门铃。

　　"来了！"门那头隐约传来了女主人的回应。

　　咚咚，咚咚，我的心跳得更快了。

　　开门的果然是女主人。她穿着很朴素的T恤和牛仔裤，身材有些发福，金色长发披在腰间，看起来很久没有打理过了。他们的房子并不大，屋里看上去有些凌乱，加上家里养着各式各样的宠物，看上去像极了一个动物园。女主人招呼我们在餐桌旁坐下，不久，男主人和这家的儿子也加入了进来。

　　大胡子先是很自然地和他们寒暄了几句，然后分别介绍了自己和我。我和他们每人对视了一下，点头致意，同时从嘴角勉强地挤出一丝极不自信的笑容。我实在是太紧张了。之后，大胡子和他们简短地聊了聊天气和家里的宠物，很快便彼此熟络了起来。中间有那么几次，幽默的大胡子逗得全家人哈哈大笑，我却完全找不到笑点，只好尴尬地呵呵笑几声。

　　破冰之后，言归正传。大胡子示意我把机构的资料拿出来，我以为他要开始介绍我们的项目了。正当我要把资料递给他时，他却对大伙说："好了，现在让Joy为你们介绍一下我们机构的心理咨询项目吧。"他的话音刚落，我递资料的手瞬间僵在了半空中。对面的三个人齐刷刷地看向我，仿佛在等着我的宣讲。

当时我是真的慌了，大脑飞速地运转着："什么？让我讲？这可是我第一次见客户啊，我怎么知道要讲什么？难道不是大胡子主讲吗？这下可怎么办？我到底要讲什么？！"我赶快机械地把手缩回来，摊开资料，迅速用眼睛扫描着文档里的内容。即使前一晚做了预习，但当下的大脑还是瞬间空白了，看着眼前密密麻麻毫无重点的英文字，我哑口无言。

沉默。沉默。长久的沉默。空气似乎都凝结了，只听到屋里的金丝雀叽叽喳喳地叫着。

"我们这个项目……是一个免费的心理咨询项目。它的形式非常的……我是说，它有很多不同的……组成部分。你们……不需要来机构找我，我每周都会来你们家……为你们提供上门服务……"我一边努力地从嘴里往外蹦一些支离破碎的句子，一边疯狂地翻看着手头的资料。当时我手忙脚乱的样子尴尬极了。

大胡子见状，赶快接话说："Joy的意思是说，我们与其他机构最大的不同，就是每周会上门为你们提供免费的心理咨询服务，即便你们没有车也完全不用担心。"听到这里，对方连声称赞，说他们几天前刚买了新车，但还没买保险，所以新车暂时没法开，我们的服务正好可以满足他们当下的需求。

之后，大胡子和男主人围绕着新车的品牌和配置聊了起来，我却还因为刚才差劲的表现而缓不过神来。听到他们在聊新车，我便希望可以借此机会加入他们的谈话，缓和一下刚才尴尬的气氛。于是，我连想都没有想，张嘴问道："祝贺你们购入新车，这辆车你们是多少钱买的啊？"

问题一出口，刚才热络的谈话戛然而止，屋里所有的人都瞪大眼睛看着我，包括大胡子。紧接着，女主人难以置信地问道："你说什么？！"男主人好像是想帮我解围，马上解释说："我猜Joy可能是想问咱们的车是几几年的吧？"我心想，这明明不是我想问的问题啊，于是赶快澄清说我问的是新车的价格。我的话音刚落，又是一阵比之前时间更长、气氛更诡异的沉默。大胡子见势连忙转换话题，和对方签完了服务协议文书，然后便草草结束了这次见面。

从客户家出来后，大胡子把我拽到一边问道："刚才的谈话中，你有没有觉得你哪里做得不妥当？"我点头承认自己之前没有做足介绍项目的准备。大胡子又连忙问道："除此以外，难道没有哪个谈话的瞬间让你觉得气氛不对劲吗？"我试探地答道："是我询问他们新车价格的时候吗？"大胡子连连点头。我赶快道歉，说我以前只知道在美国人面前不可以轻易谈及彼此的工资、宗教信仰和政治观点，但真的不知道竟然连物品价格也不能随便过问。大胡子解释说，这些问题在好友或熟人面前多多少少都可以聊，但最好不要和陌生人谈，尤其是客户，因为任何窥探他人隐私的事（尤其是经济方面）都是相当不礼貌的。

就这样，因为对美国文化不够了解，我犯下了一个如此无礼的错误。在那之后，我隐约地觉得自己与这家人之间产生了一种不可言喻的心理隔阂。每次见到他们时，我都会觉得尴尬异常。值得庆幸的是，每次会面都有大胡子陪着我，否则我真的不知道要如何熬过和这家人每周两次的见面。然而，大胡子的离职之日渐渐逼近，我开始变得焦虑起来，不仅因为我还没有做足独立推进疗程的心理准备，更因为之前与这家人之间产生的隔阂。

躲得过初一，躲不过十五。没多久，大胡子离职之后，终于轮到我独自约见这家人了……

那天清晨，本来一切已经准备就绪，可我在车里坐了很久，迟迟不肯给汽车点火，因为只要一想到要独自面对这家人，我就立刻紧张得动弹不得。许久过后，我竟然鬼使神差地拿出手机，给女主人打电话说我不太舒服，请求改约下周再见。没想到，他们竟然欣然同意了，还问候了我的身体。

没错，你没有看错。人生中第一次独立见客户的时候，我竟然犯怂地当了逃兵。出乎意料的是，我本来是装病，但之后的那个周末，竟然真的病了，在家躺了整整两天。大胡子就像我的双拐一样，离开了他，我就不会走路了。不但不会走路，好像连站都没法站稳，踉跄摔倒后，便再没勇气站起来。

当我终于有勇气独自坐在这家人面前时，我做的第一件事，就是向他们郑重道歉。我诚实地告诉他们上周改约是因为我个人没有做足准备，为此感到非常愧疚。之后，我告诉他们我在美国才待了三年之久，对当地文化了解得不够透彻，因此才会在初次见面时冒犯了他们，那并非本意，为此我感到非常抱歉。

听了我的叙述后，夫妻二人先是一阵困惑，然后便哈哈大笑起来。他们说，要不是我的提醒，他们其实都已经忘记我询问他们新车价格的事了。他们说他们不但没有把这些事放在心上，反而非常理解我的担忧和处境。之后，我们围绕这个话题聊了很久，他们竟然表示因为我的坦诚而欣赏我。

终于，憋在我心头已久的心结解开了，那种如释重负的感觉真的好极了。

说实话，现在回想起来，我真的觉得非常对不住工作前三个月里接手的第一批客户。在结束那批案子时，仅有两家客户在满意度调查表上为我写了正面的评语，其余几家客户全部写了类似"这位咨询师根本不知道她在做什么"或"这个咨询师看起来很缺乏经验"等评语……这也难怪，那时的我的确经验太浅，经常感觉不知所措，甚至无数次怀疑自己也许根本不是做心理咨询这行的料。

近十年后的今天，我一直在想，如果让我重走那段路，我会如何去做？我能否适应得更快更好呢？仔细想想，我觉得答案是否定的，因为无论是环境转变、角色差异还是心理落差，对我来说都是一个必经的过程。我一定得砸锅、出糗，并把菜鸟状态体会得淋漓尽致，才能充分认识到自己的不足。也只有这样，我才能静下心来重新积累并耐心成长。回想当初，虽然那段经历尴尬又痛苦，但对个人成长来说，它并不是一件坏事。只要咬牙挺过去，几年以后，谈起来都是佳话。

错误心态是成长最大的障碍

工作最初的几个月里，自我质疑时刻笼罩着我生活的每个角落，长久建立起来的自信心轰然崩塌。那段时间，我兴奋过、郁闷过、满足过、沮丧过、彷徨过、崩溃过……有时觉得自己入对了行，有时又觉得自己入错了行。有时觉得自己终于走上了正轨，但有时又觉得那所谓的正轨其实是把我带向了一个完全错误的方向。

每天早晨我都会告诉自己我能行，然后努力带着微笑去上班，进行完一整天和客户的会面后，受打击，受刺激，下班开车回家时在路上崩溃大哭。很多次晚上都是边哭边吃饭，但也不敢花太多时间哭，因为还要抓紧时间准备第二天的会面。当第二天早晨肿着眼睛醒来后，我又继续硬着头皮给自己加油打气，告诉自己说我一定能行，然后继续面带微笑去见客户，继续受打击，继续觉得自己像个傻子似的什么都不会，继续沮丧、崩溃，含着泪吃饭。这样的日子周而复始地过了足足有三个月左右。

造成这种状况的原因有很多。从语言方面来讲，真正开始全英文工作后，我才又一次认识到自己的能力有限。平日和客户或同事进行交流时，总会涉及很多专业知识，例如药品名称、副作用、某个诊断的症状等，这些东西的英文表达都是我不够熟悉的。因此，为了做足功课，明明是一个小时的会面，之前的准备工作就要做三个小时。其他对业务熟练的咨询师往往可以直接上场，只有我，每次会面之前都要做一大堆笔记，然后进行疯狂的练习，甚至要仔细研究怎么组织语言，会面中要举哪些例子，用哪些技巧，话题之间如何切换等等，准备每一次会面都像是准备一次英文演讲那样费事。

从专业方面来讲，我的知识掌握得还是不够扎实。再加上我本身对美国的成人法律系统、青少年法律系统、学校系统、政府系统、社区资源等是完全不懂的，要让我用英文来进行所有的沟通和交流，就更是难上加难。有太多需要学习，但又不知道该从何学起。我在想，我到底得经历多少磨炼，才能摆脱现在这种职场新人加专业菜鸟的状态啊。

为了让自己尽快在专业上成长，我尽量在晚上挤出时间读书。那段时间里，我读了很多专业方面的书，越是学习，就越会发现自己的不足。我真的感觉，在心理咨询这条路上，我像是一个新兵，可能连如何拆枪装枪都还没有练熟，就已经要上战场了。我每次在书上读到什么，就会赶快跟主管讨论研究，经过她的同意后，就迫不及待地在实践中运用起来。有的时候，自己的进步是可以明显感受得到的，每当有一点点小进步，我就觉得自己正在乘坐着一辆过山车往高坡攀升，那种刺激感非常过瘾。可有的时候，我又会因为一点小事而灰心丧气。我每天都努力挣扎着从废墟中再次站起来，但总有一种岌岌可危的感觉，仿佛自己是在夹缝中求生存，害怕自己很快就会被淘汰掉。

说实话，那段时间我没有一天不是抱着满心希望去工作，但却带着一身失落回家的。我每天都在质疑自己的能力，尤其作为一个外国人，要用英语给美国人做心理治疗，我真的懂人家的文化吗？懂人家的背景吗？懂人家的语言吗？我作为一个社工专业半道出家的人，真的能负责地履行我的工作职责，帮助到这些需要帮助的人们吗？这些问题几乎每天都纠缠着我，我想努力忘却自己的顾虑去全心全意地工作，但还是无能为力。

终于有一天在和主管进行督导时，我们谈起了这个话题。我和她说，现在对于我重建自信心的最大障碍，就是我——作为一个母语不是英语的外国人——不知道自己是否真的可以被客户们接纳，我怕这种从外在到内在的本质上的不同，会导致客户对我产生抵触情绪。另外的障碍，就是我在专业上的不足。主管听我这么一说，会心地笑了。她对我说了这样一段话，我这辈子都不会忘记。

"专业上的经验不足，会随着时间而慢慢消退，任何一个成功的人都会经历从弱小到强大的过程，所以这点你完全不用担心。咱们今天主要来谈谈你所说的'外国人心理'吧。我想说的是，自从你踏上这片土地时，就请忘掉自己是'外国人'这件事。美国是一个移民国家，在这片土地上，没有所谓的本国人或外国人。要是追溯历史的话，这里的每个人曾经都是'外国人'。但是，既然现在大家来到这里，就是冲着一个目标去的：你的梦想。要想和他人迅速建立联系，就要着眼于你们之间的共同点，而不是不同点。每个人来到这个世界上，当然会彼此有别，怎么可能一模一样？你觉得你和美国人有不同，难道美国人与美国人之间就没有不同了吗？你的家乡在中国，难道北方的中国人和南方的中国人之间就没有不同了吗？我相信，作为人来说，无论你来自哪里，我们彼此之间的共同点，要远远多于不同点。实际上，正因为美国是移民国家，所以美国人根本不会因为你是中国人而觉得奇怪，因为他们对各种外国人已经见怪不怪了。真正过不去这个坎的人，其实是你自己。你说难道不是吗？

"我必须要说，你是一个外国人之前，首先是一个人，就像你的客户们一样，他们也都是人。既然是人，就有为人的喜怒哀乐。我们机构服务的每位客户，都是在他们的人生已经走到了十分绝望的境地时，才会向我们这样的陌生人寻求帮助。你知道吗？让一个人屈尊去向外人寻求帮助，其实是一件非常难的事，因为这就代表着他要向外界承认'是我不够好，我搞不定这件事，我搞不定我家的小孩，我搞不定我的老公'。所以，当你迈进对方家门的时候，你面对的其实是一个极度绝望、孤独和无助的灵魂。

"一个优秀的心理咨询师，应该着重关注该如何运用专业知识去帮助对方，而不应该反复纠结于你在别人面前呈现出来的样子。心理咨询这件事的重点本身就应该是对方，而不是你自己。帮助一个人，你需要的只是一颗真心而已。我相信你有这颗真心，我也相信你的专业潜力，我更相信你的语言水平。但是，这还远远不够，只有你真的相信了自己，你才能够做到。如果你觉得对方因为语言或文化而无法接纳你，那么，证明给他们看，除非你先因为不接纳自己而选择放弃。我相信你不会放弃，因为我相信当时我录用你时的眼光，我知道我没有看错人。真正重要的是'你是你'，仅此而已。一个人的优秀只和他自己有关，与他是哪国人根本没有丝毫关系。"

和主管的这次长谈，彻彻底底地改变了我。那种醍醐灌顶的感觉，现在我还清晰地记得。她的一席话，不但消除了我的许多困惑，也真正彻底解开了我自来美国以后萦绕心头已久的一个疑虑，更确切地说，是一种心结。

一直以来，由于我是周围环境里为数不多的中国人，在衣食住行、言行举止等各个方面都和大家不一样——你们都是那样的，唯独我是这样的——久而久之，我便莫名其妙地觉得自己好像是势单力薄的。因此，其实从第一天起，我就在潜意识中把自己和大家对立了起来。这种对立几乎呈现在我生活的方方面面。留学的两年里，除了不得不读的课堂阅读外，我几乎从来不看英文书，平日里看的书和网页都是中文的。此外，我也很少主动去和身边的美国同学沟通，总是想和中国学生打成一片。在医院实习时，这种心态稍微好转了一些，但那时好像也只是因为不得不做而去被动地接受而已。遇到困难时，我总是习惯把英语当成自己没能做好一件事的借口——看，都因为它得用英语来做，所以才这么难；如果用中文来做，简直就是小菜一碟。可事情真的如此吗？我看未必。

说到底，还是自己的心态没有调整好。人类历史上有过成千上万的留学生，他们每年从一个国家迁往另一个国家，从一种文化穿梭到另一种文化，有那么多人都曾经历过我现在正在经历的一切。很多人成功了，为什么我就不行呢？成长就是这样：先是以为自己会，然后经受打击，从而知道自己不会，之后去学习、去实践，再受打击，再坚持，再学习，再实践，然后有进步，最后才能真正地掌握。这个成长过程，不管是谁，不管做什么，不管走哪条路，都是要经历的，逃不了，躲不掉，只能面对。镇定，冷静，想清楚，乐观迎接，没有什么坎是过不去的。还是那句话，所有杀不死你的，都可以让你变得更强大。

对我个人来说，我应该告诉自己的是：第一，我今天所做的一切都是自己的选择，所以无论酸甜苦辣都要自己承担。第二，我要时刻懂得去欣赏和包容与自己不同的文化。第三，对我的客户来说，我是他们的心理咨询师，他们更在乎的是我是否真的能帮助到他们，而不是我来自哪个国家哪种文化。第四，工作中一切我不会的东西，我都要以最踏实的心态去学习、去积累，要把心思放在如何让自己变强大上，而不是整天埋怨自己有多辛苦。

说到这儿，突然想起小时候妈妈教我滑冰时的情形。那个时候在冰场上，妈妈总会站在我面前的不远处，张开双臂对我说："来，到妈妈这儿来。"于是，我便会两脚踩着冰刀，双腿颤颤巍巍举步维艰地向前迈步，稍微一不小心，就会两腿大劈叉地坐在冰上。但妈妈从来不会去扶我，她只是一动不动地站在原地，继续鼓励我站起身来向她滑去。于是，我无数次摔倒，又无数次挣扎着自己站起来。无数次的尝试后，我终于滑到了妈妈面前，一下子扑倒在她的怀里。后来，我不但学会了滑冰，还掌握了花刀、球刀和跑刀等各种滑法。这就是为什么我很喜欢冬天，因为到了冬天，我就可以再一次像猎豹一样飞奔在冰场上。

现在想来，其实无论做什么事都要经历这样一个过程——失败，站起来，往前走，再失败，再站起来，再继续往前走。有句话说得好：屡败屡战，最后在风中屹立不倒！无论是调整心态，还是适应环境，这才应该是我追求的精神境界。

先假装会做，直到你真的会做

虽然头三个月里每天都在艰难度日，手头的案子也并没有多么成功，但我还是认真总结了自己在这三个月里的进步。总结过后，我发现自己不但已经完全了解了项目设置，熟悉了上门式心理咨询的工作环境，而且彻底弄懂了从开案到结案的整个流程。因此，之前那种没头苍蝇乱转的状况已经大大减少了，更多的担心只是围绕在如何能更好地做一个案子，即让自己在专业上进一步成长。

三个月后，当我拿到第二批客户资料时，已经不像第一次那样毫无方向感了。每次和客户见面之前，我都会把自己打算说的话提前写在一张纸上，包括如何和客户做自我介绍，如何切入话题，如何转换话题，以及如何回答他们可能会问到的问题等。有时，甚至连中间开玩笑的话该怎么说，我都会提前写下来不断地练习，并让身边的人给我提建议。

每次在去见客户的路上，我都会在车里反复练习我要说的话。到了客户家后，我深吸一口气、敲门、开门、微笑、打招呼、自我介绍、进门、坐定、寒暄聊天、切入主题、介绍项目、签订服务协议、做家庭评估、约下次见面时间、告别等一系列的事，都完全是按照我事先准备好的"剧本"进行的。每当得知英语不是我的母语时，客户们总是显得非常惊讶。他们会夸赞我的英文十分流利，说他们根本听不出我有任何口音。谁能知道，这都是我之前反复练习的结果，也正是一遍一遍的演习才终于让我"撑"出了一副貌似专业的样子。

为了弥补自己的经验不足，除了多学习、多积累、多下功夫以外，还能有什么别的途径呢？对于一只笨鸟来说，要想飞得更高更远，唯有比别人起飞得更早、飞得更卖力才行。在那段时间里，因为这些辛苦付出，我得到的客户评估成绩越来越好。我开始陆续收到客户送来的贺卡、字条、孩子画的画或妈妈写的信等，向我表达感谢之意。那个时候，每次见客户之前，我还是会有神经高度紧张的感觉，出客户家时还是会很夸张地松一口气，好像又一块大石落地了一般，但之前那种头皮发麻浑身不自在的感觉已经越来越少了。

因为那半年接的案子难度不高，面对的客户大多数也都非常和蔼友善，所以我从未碰到过所谓的刁难型客户，也从未遇到过因为语言或种族问题而不喜欢我的人。因此，我一度以为自己已经幸运地走上了事业的正轨，直到我遇到了Z家庭。

Z家庭是我接触到的第一个十分阔绰的美国家庭。由于机构的非营利性质，我们所有的项目都是免费的，因此大多数客户都是美国社会的中下层老百姓，像Z家庭这样阔绰的当时实属罕见。我们的首次见面约在了一个周五的上午。我在前一晚详细研读了他们的档案，并做了非常认真的准备，像往常那样反复练习了我在见面时要说的话。

第二天，当我刚一开进Z家所在的小区时，我就立刻被路两旁一幢幢的豪华别墅彻底吓傻了。也不知道为什么，那一瞬间，之前信心满满的我顿时变得毫无底气了。我在心里开始乱想：能住上这样豪宅的人，一定接受过良好教育吧？一定是名校毕业的吧？一定非常有气场吧？他们会不会嫌弃我是一个工作经验尚浅且涉世不深的黄毛丫头呢？就这样，我越想越紧张，心里暗暗担心自己可能要撑不住这个场面了。

就在这时，我突然想到华大的一位教授曾经说过这样一句话：Fake it, until you have it——先假装会做，直到你真的会做。他的意思是，职业气场和自信心这两个东西，是只有经过多年的锻炼和积累才能练就的，刚毕业涉世不深的傻小子一眼就会被看出来。有的时候，因为自己没经验又没自信，总会无奈地错失很多宝贵的机会。因此，教授说，在没有气场却又急需气场的情况下，必须得装！装出这种气场，直到你真的有气场为止；装出自信心，直到你真的有自信心。

想到这里，我在客户家门口站定，深吸了一口气，然后勇敢地按响了门铃……

前来开门的男主人长得憨厚老实，满脸笑容地把我迎进了大门。女主人从楼上走下来，云淡风轻地介绍着自己。她看上去像极了《绝望主妇》里的某个女主角，个子高挑，身材火辣，很难让人相信她已经是四个孩子的妈妈了。

我边和他们做自我介绍，边跟随男主人往客厅里走。天啊，他们的客厅大得可以装下一个游泳池了。夫妻二人礼貌地给我倒水喝，我便顺势随便和他们聊聊天气之类的破冰话题。其实，开始这次会面前，我的心里是有很清晰的目标流程的。我的计划像往常一样，打算坐定之后开始介绍项目并做家庭评估，然后讨论治疗方案。谁料，我还没来得及开口，女主人竟然先发话了。

她优雅地搅拌了一下眼前的咖啡，严肃地问道："Joy，如果你不介意，请你先给我们介绍一下你的背景吧。我看你年龄不大，你做这份工作多久了？之前有多少临床经验？以前给正处在青春期的男孩子做过心理治疗吗？效果怎么样？"一连串问题像连珠炮一样向我袭来，一时之间令我招架不住。工作半年多以来，我还从未遇到过主动打听咨询师背景的客户，因此大脑瞬间一片空白。起初，我因为感到自己被拷问而有些郁闷，但又觉得她的这些问题问得真的很好。试想，如果是我的话，我也一定会想知道这个要和我的孩子相处数月的人到底怎么样，有什么经验，是否真的能够胜任这份工作。

当下的我其实有些犹豫：如果照实说的话，他们可能会因为我经验不足而拒绝合作；可如果骗他们说自己经验丰富的话，不但良心上过不去，日后也早晚会露馅。脑袋里的两个小人经过一番激烈辩论后，最终还是决定跟他们说实话。于是，我告诉他们，我本身并不来自美国，所以说话时可能会有些口音或表述上的毛病，如果听不懂或者有疑问，请一定随时告诉我。但即便如此，我会非常努力地和他们工作，一定会尽全力达到治疗目标。之后，我强装镇定地冲女主人自信地笑了笑。

要是以往，每当听到我这么说时，家长们一定会笑着赞扬我的英文好，并会对我给予鼓励。可是，Z家的女主人却依然一脸严肃地看着我，继续质疑道："既然你不是美国人，从小也不在美国长大，你不觉得这种文化上的差异会影响到你和我儿子之间的沟通吗？"

又是一个我完全没有防备的问题。工作这么久以来，因为从没有客户抱怨过这件事，使得我都快忘记"文化差异"的存在了。现在她又猛然提起，搞得我措手不及。可是，这又是一个十分合理的问题。如果我的孩子有心理问题的话，突然跑来一个外国人，说要和我的孩子一起工作，来帮助他克服心理问题，我也一定会担忧这个外国人是不是真的能搞定这件事。

　　我冷静地思考了一下，然后先是肯定了她的担忧，说这是一个很合理的顾虑，要是我，我也会有同样的担忧。之后，我向女主人简略地介绍了自己之前的经历，以及我的文化背景在一段治疗关系中可以如何得到有效运用。我诚实地告诉她，其实最初刚拿到这份工作时，我也有过类似的担心，觉得自己是一个外国人，可能没法很有效地和美国家庭在一起工作。可是，我的主管帮助我改变了这个思维误区。现在的我相信作为心理咨询师，最重要的是要有一颗真诚助人的心。当你有了这颗心以后，其他问题都是好解决的。同时，治疗是否会有效，也取决于客户自己。如果您的儿子并不想接受心理咨询，打心底里抵触这件事的话，那么就算是一个经验丰富的美国咨询师，可能也不会起到任何作用。

　　由于这是我本来就深信的一点，因此在讲话时格外肯定。女主人仿佛感受到了我的自信心，于是频频点头，好像是被我说服了一样。之后，她才慢慢地打开了话匣子，开始向我介绍他们的家庭状况。在这个交流的过程中，男女主人都非常有礼貌，我能感觉到他们是打心底里尊重我，并不是那种故意屈尊让人感到尴尬和距离感的假装有礼貌。后来我们越聊越投机，女主人一直话不停口。

　　终于轮到我介绍项目的时候，我开始按照章程讲解TFCBT疗法。我告诉他们，他们的儿子可能是因为曾经经历过某种情感创伤，才把自己封闭了起来，而TFCBT这种疗法就是专门治疗青少年的情感创伤的。当女主人听到"情感创伤"这个词的时候，她的眼睛亮了，连连点头说"对对对"。于是，我赶快给他们详细讲解了这种疗法的治疗过程，以及每个治疗阶段的任务、目标和作用等。可能是因为我真心喜欢这种疗法，于是在讲解的过程中变得越来越有自信。你知道，只有当你对一件事特别熟悉特别感兴趣，你在阐述它的时候才能带出你的气场和信心，而这种气场和信心是别人能看到和感受到的。

在那之后，我好像做了工作以来最长的一段演讲。我给他们讲了过去半年我做的一些成功案例，但同时也诚实地告诉他们我手里并没有魔法棒，无法保证三个月内一切都会恢复完美，但我一定会尽全力帮助他们的儿子以及整个家庭尽早重回正轨。这个时候，之前读过的很多专业书里的那些小比喻，突然跳到了我的脑子里。于是，我连忙举出了石膏的例子、扫地毯的例子、打击敌人和防御城堡的例子。只有这些形象的例子，才能帮助人们在短时间内准确地意会一些比较复杂的心理治疗原理。

在我的讲述过程中，夫妻俩一直睁大着眼睛目不转睛地认真倾听着。我的讲话结束后，女主人绕过桌子走上前来握着我的手，赞叹不绝地说："Joy，说实话，你刚进门的时候，我看到你是亚洲人，心里就有很多顾虑。我不知道我儿子在面对一个年纪轻轻的亚洲女孩时会怎么办，不知道他能不能接受你，担心他不愿意和你聊天。但是，跟你进一步交流过后，我的所有担忧都解除了。我觉得和你聊天非常舒服，我也很信任你。也许你的工作经验不多，但我真的可以从你身上感受到你说的那颗真心助人的心。我们很喜欢你，相信我们的儿子也会喜欢你的。"女主人说完这番话后，男主人频频点头表示同意，并为我伸出大拇指点赞。那个时候，我真的觉得自己已经站在了喜马拉雅山的山顶！

出门之前，我礼貌地和夫妻二人握手道别，但是女主人却热情主动地给了我一个大大的拥抱。本来约好是一个小时的疗程，最后却进行了三个半小时。回来的路上，我真的在车里开起了"个人演唱会"，跟着电台的歌曲大声唱起来。这不能说是我最成功的一次会面，但绝对是最有成就感的一次。我经历了见面之前的担忧、焦虑和内心喊话，又经历了刚见面时的尴尬"拷问"，然后又慢慢克服内心的抵触情绪去客观地看待他们，相处、倾听、反馈、交流，最后把会面结束在对彼此的欣赏和信任中。我觉得我真的是大逆转了——他们的担忧得到了逆转，我自己对人对己的内心情绪也得到了逆转。

这次见面对我的整个工作具有转折点式的意义。说实话，因为之前每次见客户时我都要做非常多的准备，所以我总觉得自己要是脱离了事先准备的讲稿，就一定无法独立完成一次会面。但是，在那次会面里，我和他们说的很多话，都是之前从没准备过的，完全没有讲稿可以参考，完全都是在日常工作中得到的真切的心得体会。原来，我在无形中慢慢累积的东西，早已储存在了大脑的潜意识里，当我真正需要它时，它自己就蹦出来了。而且，我竟然已经可以用标准的英文去阐述我脑子里的很多想法，根本不用提前准备或演练，它们就在当下直接如泉水一样自然地流淌了出来。这种感觉简直就像大学练英语听力时，突然有一天发现自己能完全听懂VOA时那样刺激和兴奋！

回想之前的工作，没有哪一次的客户见面不是我经过精心准备的，没有哪一个疗程不是下了十二分的辛苦和努力去认真对待的。那时每次见客户时，因为根本没有经验，所以只能打肿脸充胖子，强装出一些勉强说得过去的气场和信心。可是，装着装着，竟然真的有了气场和信心！原来，在每天的摸爬滚打中，我的语言能力和专业水平已经在不经意间取得了重大的进步！

　　现在回想起来，感慨良深。人的成长和成熟真的是要经过一个非常漫长的过程。千万不要小看每天一点一滴的付出，正是这些点点滴滴的付出让你慢慢变强人。虽然有时会觉得那些看似漫无目的的付出根本没个尽头，但当横空飞过一个机会，你可以快速跳起来抓住它，并证明自己是它最完美的不二人选时，你就会发现，在过去无数个默默无闻的日子里，你已经不知不觉修炼成才了！

　　虽然付出的当下会觉得痛苦，会遭遇失败，但你从中所获的经验和教训才是真正会让你受益一辈子的东西。因此，不要顾影自怜地徘徊在经历本身里不出来，而应该积极思考你到底从这件事里学到了什么。要经常反省，这样你才不会白去经历那些痛苦，未来再次遇到那些倒霉的事情时，你才不会第二次掉进同一个大坑里。

　　为此，我感恩过去经历的所有失败和痛苦。

投入地工作，健康地生活

在正式工作之前，我总是把未来的职场生活幻想得特别美好。我希望自己可以像职业白领一样，早晨起来洗漱化妆，吃着健康的早点，穿着体面的职业装，踩着高跟鞋，潇洒地开车去公司开会，间或优雅地喝杯咖啡，下班后可以和三五好友泡吧逛街，或和老公一起看个电影。想一想，就觉得对这样的生活无比神往。

可是，当我真正蜕变成职业女性后，才发现以上美好的遐想一个都没有发生。

我每天的生活是：早晨起来后快速把自己收拾干净，早饭通常都在车里解决，连续在机构开几个会后，随便吃点午饭，便开始挨个见客户。时间往往就在从A客户家冲去B客户家、从B客户家冲去C客户家的过程中急速流逝掉了。后来工作渐渐忙碌了起来，手头的案子越来越多，我的饮食规律和日常休息很快就被打乱了。

人毕竟不是铁做的，长期不规律的饮食和睡眠习惯很快就把我折腾垮了。有一阵子，我感觉身体两侧肋骨疼得厉害，大口呼吸时都觉得疼痛难忍。终于抽空去医院检查时，才发现是患上了胸膜炎。问题不大，医生只给我开了一瓶消炎药而已。即便如此，它也引起了我对身体健康的重视。

我在想，一年以来自己工作得如此辛苦，连身体都赔上了，现在既然工作已经上了正轨，应该适时歇息一下才对。于是，我便开始转变工作观念，调整生活节奏。

没想到，用力过猛，矫枉过正，这次调整中我从一个极端走上了另一个极端。起初，我每天都尽力去工作，后来却变成了每天都尽力去休息。只要是工作八小时以外的时间，我几乎全部都在休息和娱乐。渐渐地，这样松散的态度也被不自觉地带到了工作当中，准备会面时也不那么用心了，晚上也不看书为自己充电了，习惯性地过着放任自流、毫无规划的生活。这样一来，许多该做的事情被一拖再拖，拖延症彻底爆棚。长久下来，身体虽说是养好了，但内心很快就感到了些许空虚和不踏实。

就这样，工作和生活就像跷跷板的两端一样，总是处于你上我下、左摇右摆的失衡状态。那段日子里，时间过得出奇得快，甚至比繁忙时都更快，快到每当我回顾过去时，甚至都不记得自己每天到底做了什么。过往的生活在记忆里就像一张白纸一样，那种感觉实在太让人恐慌了。

于是，我突然发现，在学校读书时，即便你不想进步，也会被很多作业和考试逼迫着去学习。可是，工作后的生活却大不相同，学与不学、进步与否，基本全靠自觉。虽然工作后的生活自由了不少，但如果对这种自由不善加利用，人生是很容易在一天天中被荒废掉的。

就好比那个阶段的我，总是打着"善待自己"的借口去享受生活，却已完全不自知地变成了一只温水里的青蛙。直到发现身边的人都在一刻不停地进步时，自己才突然有了危机感。

终于意识到问题的严重性后，我决定不能再这样下去了，一定要好好研究一下该如何平衡工作和生活，尽量做到既在八小时内高效率工作，又在八小时外兼顾身体健康和自我再教育。于是，我重新拿出了制订计划的那一套技能，开始规划工作后的生活。

首先，我要为八小时内的工作制订一个明确且具体的目标。可是，这件事着实把我难倒了。以往我制订的阶段目标都非常具体，例如"考取初级执照""写完第一本书"等，而我能想到的工作目标却只有"好好工作"四个字而已。可是，到底什么叫"好好工作"？这个概念太过宽泛和模糊了，而且丝毫无法被衡量。由于这样模糊的概念，导致我有一段时间只是机械地为了工作而工作，为了积累工作小时数而做案子。

不久以后，发现自己从工作中学到的新东西非常有限，所谓的工作经验倒是积累了一些，但扪心自问时才发现自己在专业水平上其实只是在原地踏步和吃老本儿而已。

于是，在重新制定工作目标时，我就要求自己把目标写得尽量详细、具体而且可以被衡量。比如，我要在A案例中提升自己在疗程里提问题的能力，在B案例中充实自己对自闭症的了解，在C案例中练习如何运用玩偶与低年龄的孩子进行评估和对话。

列完这些目标后，我在每面对一个案子或一个疗程时，心里就会有非常明确的目标。每结完一个案子，我还会对这个案例进行总结。后来，每次翻出自己的工作笔记时，都会清晰地记得案例情况和自己的进步。

工作之余，对八小时以外的生活，我也会有意识地去做计划。比如，我会要求自己每个月至少阅读一本专业书和一本课外书，每周至少锻炼三次身体，并进行一次户外活动（例如周末登山或游泳等）。

　　说实话，起初执行起这个计划时，真的非常困难，尤其是在我已经习惯了之前的懒散生活后。每次下班回家时，我只想像一条狗一样瘫软在床上，很多次都是我和老公彼此鼓励着才上了跑步机。

　　但是，半年后慢慢形成习惯时，才发现有规律的生活的确有一种神奇的魔力，它使你在该工作时便可全神贯注，该休息时也能去健康地休息，而不是让自己堕落。这样有张有弛的生活对我来说才是可持续性发展的模式。

不忘初心，方得始终

　　工作一年多后，我已经对机构的一切越来越熟悉，工作起来也更加得心应手了。那时，我早已不再是新人了，因为机构已经招进了比我更新的新人，使我终于摆脱了当初入职时无论做什么事都得小心翼翼的感觉。那个新人是一个和我年纪相仿的美国女生，也是刚刚研究生毕业，之前的工作经验也特别少。看她第一天自我介绍时声音发颤的样子，我真的很想跑上去给她一个大大的拥抱，告诉她别害怕，我当初也有过这样的一天！然后我才发现，在一个全新的环境中，任何人都会经历这样一段如履薄冰的日子。终于告别了那种感觉后，心里总算松了口气。

　　随着经验的不断累积，主管在每次派发案子时，就会有意给我一些更具挑战性的案子。我是一个爱接受挑战的人，于是每次都欣然接受了。可是，随着案情变得越来越棘手，自己的压力也越来越大，走着坐着都会不由自主地想着工作，有时连做梦都会梦到关于客户的事。为了做出成绩，那段时间我开始铆足全力工作，心态上面不久便进入了一种恶性循环的状态。接下来发生的几件小事，直接成了我又一轮情绪崩溃的导火索。

首先，我有一个特别喜欢的客户，因为他没有按时完成法院指定的社区活动，并继续吸食大麻，而且向我、法官及负责他案件的警官一起撒谎，而被送进了青少年监狱。当你知道一个人前几天还乐呵呵地坐在你面前，但现在竟然已经被关进监狱时，那种感觉真的糟糕极了。我跟男孩通电话，问他是不是现在鼻子已经长得像胳膊那么长了。他问为什么，我说因为匹诺曹说谎的时候鼻子就会长长。他听了以后尴尬地笑了笑，然后向我连声道歉。在那之前，我一直以为一切都很顺利，因为他在学校里的表现得到了老师的表扬，妈妈也说儿子最近乖多了，每次和他见面时我都会因为他的进步而骄傲。可后来，他竟然还是进了监狱。作为负责他心理治疗的我，在这种情况下很难不觉得内疚和自责。我总是忍不住想，要是我当时再努力一些，是不是今天的这一幕就不会上演了。

同批案子里有另一个男孩。第一周，他雄赳赳气昂昂地说要改变自己的生活，信心满满地和我一起击掌，还列了一大堆新年愿景给我看。第二周，他莫名其妙地开始抱怨生活，和妈妈吵架，大晚上偷跑出去和小区里的孩子们一起吸毒。第三周，因为和同学打架，他被休学一周。他懒洋洋地瘫软在沙发上，迷迷糊糊地放着鲍勃·马利（Bob Marley）的一首关于宣扬大麻合法化的歌曲给我听。后来，警察在他的尿检里查出了大麻和迷幻药的成分。他终究还是继续吸食毒品了，尽管他否认。他依然傻傻地看着我笑，说只要他想停止，随时都能做到。那时，他已经完全被毒品控制了。当一个人的意识被毒品控制时，是无法清晰思考的，只能先戒毒，再做心理治疗。就这样，他被送进了戒毒所。就这样，我又失去了一个孩子。

我真的觉得自己在那段时间里好像特别不顺，一个个大大小小的问题向我涌来，我无力解决，无法喘息。我突然变得对自己很失望，我太想帮助我爱的孩子们，但好像无论我做什么，都没能挽回这样糟糕的局面。慢慢地，我开始怀疑自己的工作价值。我在想，会不会其实我做的工作根本就是毫无作用的？会不会这些人永远都不会做出改变？会不会心理治疗这件事本身也只是靠运气而已？想着想着，我觉得自己一直以来追求的梦想好像突然失去了意义。

一次督导中，我的顾虑被心思缜密的主管发现了。起初我还佯装出一切顺利的样子，但她反复的关切和询问立刻让我卸下了所有防备，多日以来积蓄的压力和情绪一起爆发了。我开始声泪俱下地给她叙述手头一个个案子的糟糕进展。出乎意料的是，主管听着我的叙述，竟然和我一起流下了眼泪。我们俩彼此给对方递纸巾，活活哭成了两个泪人。

我边哭边纳闷地问她："你哭什么啊？"她哽咽着说："因为你让我回忆起了当年刚入行时的自己。"话音刚落，她哭得更厉害了。我连忙追问："难道你当初也曾像我现在这样不相信改变吗？你曾经也动摇过对这一行的信心吗？"

主管擦擦眼泪，连连点头。她说：

"我当然怀疑过，当然动摇过。直到现在，我也还是会经常动摇信心。但是，孩子，你要知道，作为心理咨询师，我们并不是去改变别人命运的，因为我们不是上帝，无法命令奇迹在一夜之间发生。我们所做的工作，只是要往他们的心坎中播撒那颗渴望改变的种子。至于种子会不会发芽，那是他们自己的造化和期许。一本励志书、一场振奋人心的演讲或一次推心置腹的谈话，最多只会在他们的背后小推一下。最终是否决定迈出前进的步伐，以及在前进的道路上要走多远，都要取决于他们自己，因为这是他们的人生，他们应该负主要责任。如果在接受心理治疗后，他们的生活依然毫无变化，那也只能说明是他们自己选择不去做出改变，或他们还没有准备好去改变而已。

"要知道，任何问题都是成年累月慢慢形成的，那么自然也得历经成年累月而慢慢消失掉。只要我们把渴望改变和相信希望的种子播种在他们的心里，我们的使命就完成了。你要相信，只要这颗种子遇到良土，将来早晚有一天会茁壮成长。只要有那么一天，我们的工作就实现了它的价值。在这个过程中，没有哪个咨询师能保证见客户一面，就立刻能找出最有效的治疗方案，并立即实施、立即见效。失败是在所难免的，但不该因为可能失败就害怕尝试。不要害怕尝试，相反，要勇于尝试。如果试了一个两个三个方案，都发现没有用，那么很好，至少我们知道这三个方案是没用的。下次再尝试时，我们就离正确可行的有效方案更近一步了。最终，总会有一个方案是有效的。如果你不敢尝试，岂不是会永远原地不动维持现状？"

主管的一席话让我豁然开朗，醍醐灌顶。她真的改变了我的心态，让我又一次开始相信改变。我其实是相信奇迹的，但我总以为奇迹是发生在一瞬间的。离开主管的办公室时，我不经意间瞥见她墙上一个很精巧的挂饰，上面赫然写着"Miracle unfolds gradually"（奇迹之花，正在绽放）的字样。多美好的一句话。未来某一时刻会发生的奇迹，其实就是由每天一点一滴的小努力而来的。想到这里，突然觉得一切又有意义了，一切又有盼头了。

和主管见完面的第二周，虽然手头的案子还在艰难地进行着，但我的心态已经完全不同了。我提醒自己要时刻谨记自己的角色，而不能拔苗助长。很久前就懂的道理，现在又有了更深刻的体会。再次来到机构时，我发现办公桌上静静地躺着一本小巧精致的书，叫作《给年轻心理咨询师的27封信》。书上贴了一个粉色的纸条，上面写着：

"Joy，这本书送给你。它在我年轻的时候曾经多次鼓励和启发我，希望可以把它神奇的力量也传递给我欣赏的你。不忘初心，方得始终。来自Beth。"

嗯，不忘初心，方得始终。

说实话，我能在职业生涯的第一份工作中就遇到这样一位极具智慧且对下属体贴入微的老板，真的是我的荣幸。她在我茫然无措时给我引导和建议，在我郁闷绝望时给我鼓励和信心，平日还会像朋友一样和我唠唠家常。我从不用担心会因为问出低级问题或表现不好而受到她的责罚。对她，我只有尊重，没有畏惧。

为了曾在职业生涯中遇到过如此智慧的老板，感恩。

生命不会亏待每一分努力

工作两年多来，我遇到过无数让我感慨颇深的案例，但迄今为止，让我感到最为震撼的是我用TFCBT治疗的一位客户。即便现在结案已经很多年了，但我和她的每一次会面依然历历在目。

那是一个十五岁的美国女孩（后来我称她为"巧克力女孩"）。她长得特别漂亮，一双眼睛总喜欢认真地盯着别人看，仿佛能看透你的心。美国女孩子化妆比较早，即便才十五岁，她已有一脸黑色系的哥特式妆容。这在起初着实吓了我一跳。看她那身炫酷的装扮，我总感觉她一定为人冷漠，甚至可能会对我爱搭不理。会面还没开始，我仿佛已经看到自己求她能吐一句话让我当救命稻草的样子。

没想到，我们的初次见面非常顺利。令我吃惊的是，她有着和这副哥特妆完全不匹配的热情与大方。她开始滔滔不绝后，我才发现她的妆只是一个幌子，她其实只是一个很普通很平凡的十五岁女孩而已。不过，她的滔滔不绝并不仅仅是多词语堆砌的冗长句子，而是十分有逻辑、非常重效率的能言善辩。聊天深入后，我开始惊叹她对自己目前问题的清晰剖析，惊叹她对解决问题的渴望，惊叹她对周边人物心理行为的分析，惊叹她好像并不只是一个普通的十五岁女孩。她就像一本神秘的奇幻书一样，我迫不及待地想要翻开一阅。于是，我欣然接下了这个案子。

见了几次面后，我才发现她是一个智商和情商都极高的聪颖过人的孩子。即便她经历过无数个独自哭泣的夜晚，即便她曾无数次想要放弃，即便她曾对自己做过无比残忍的身体伤害，但好像她心中积极的一面总是能战胜消极的一面。只是，她自己还没有意识到自己有多强大而已。

女孩是从小经历着家庭暴力长大的。爸爸妈妈抽烟、酗酒、吸毒。后来父母相继抛弃了她，她不得不搬去和姥姥姥爷同住。很多年后，妈妈莫名其妙地回来了，说是要改过自新，在那之后她与妈妈的关系一直都是时好时坏的状态。因为她是姥姥姥爷带大的，所以女孩待他们如亲生父母一样，听他们的话，尊敬他们，爱戴他们。可她待妈妈却如同姐妹一般，并无尊敬，只要过得去就可以了。很早就消失在她生活里的爸爸后来去学校找过她，可只是为了要钱而已，彼此都弄得很不愉快。仅有的几次电话也都是以争吵结束的。每次的争吵都伴有爸爸对她的人身威胁和粗鲁刺耳的言语攻击：你这个小贱货，你要是再怎样怎样，我就会再去打你……

女孩的手特别抖，自从她被爸爸第一次毒打后就一直抖，抖到现在，已经快七八年了。尤其当别人提及她父亲的名字时，她的手就越发抖动得厉害。我第一次去见她时，她就给我示范拿笔的左手，抖个不停，像一个得了帕金森综合征的老太太一样。

为了搞清楚TFCBT疗法是否适合她，我给她做了两个评估。两项评估里她的各项指标都非常高，看来她的确是患有典型的创伤后应激障碍综合征。于是，我们二人一起开始了正式的治疗。可以看出来她是很开心见到我的，因为每周到了会面时间，我刚把车停在她家门口时，就会看到她期盼地站在门口等我。

和她工作的整个过程是愉快的、兴奋的、让人盼望的。我其实很少会有这样盼望的感觉，仿佛在某个周日平躺着晒太阳的时候，我会突然想到她，然后心想：天啊，现在要是周三该有多好，这样我就又可以见到她了。和她在一起时的愉快，主要因为她是一个很有魅力的孩子。前面说过，她极其聪明，懂得举一反三，无论你和她讲什么新的概念、技巧、点子和道理，她都掌握得极快，并能把同样的道理复制粘贴到其他生活领域里去。另外，她实在太能言善辩了，我有很多次和她在一起时，都感觉好像是她教会了我更多的东西。

除了她的聪明和口才外，最让我感到欣慰的，其实是她那颗愿意变得更好的心。毋庸置疑，每天面对的这些案子里，无数个孩子都经历过这样那样的伤痛，有大有小，有轻有重，但是人的灵活度是不同的。有的孩子经历一点点事情就垮了，放弃了，叛逆了，离家出走，甚至会自杀。有的孩子却天性般的更灵活一些，也就是说他们的逆商比较高。比起别人来说，这样的孩子更容易从失败和伤痛中站起来，他们好像更加宽容乐观，更容易去原谅，即便他们不能忘却。和这样的人在一起，你比较容易能看到希望，仿佛你给他们滴一滴水，他们就会长出整个森林来给你看。不得不说，人与人之间的个体差异以及为什么会产生这种差异，是一个长期令我着迷和感到好奇的话题。

总之，因为种种原因，我享受着每一次和女孩的见面。和她在一起的半年，并不让人感觉像是半年，仿佛我刚刚认识她，整个治疗就已经接近尾声了。这半年来，除了学习很多技巧以供她舒缓自己的症状外，我们一直都在写一个叫作"创伤日记"的东西，就是一个供她回忆自己情感创伤故事的文章。由于女孩极其擅长写作，于是她说她想写一首诗。正当我心想一首诗到底该如何把我们需要写的点都囊括进去时，女孩已经开始低头写作了。没过多久，她拿给我一张纸看，正反面竟已被洋洋洒洒的字盖满了。我越读越兴奋，鼓励她说，不要停，就这么继续写下去。

终于有一天，她完成了所有的创作。那是一首完整的长诗，打印出来总共三页半。她半倚在床边，兴奋地开始朗读给我听。她边读，我边震撼。这首诗，无论从内容、情感表述、遣词造句甚至是押韵上，都堪称神作。我不敢相信一个十五岁的女孩竟然可以创作出这样伟大的作品来。

这还不是重点。重点是，这首诗里非常委婉地描述了她的父亲对她的影响，他的殴打和辱骂、他的欺骗和绝情，字字句句印在纸上，刻在心里。然而，她的文字并非充满仇恨，反而可以读出一种豁达的宽容和释然。她说，经过这么久的治疗，她发现她已经不再恨他了，打算要原谅他。她说她依然爱他，只是很可惜未来的他已经不再有机会看到这样一个成长成熟的自己。

我们原本的治疗方案是这周写完诗后，要反复读几遍，让她在思想、心理和情绪上做到全面的系统脱敏，之后那周再让她给爸爸打电话分享这首诗。但是，那天她竟非常坚定地说她已经准备好了，想现在就给爸爸打电话。当时我突然怔住了，我没想到她竟然如此勇敢，突然一下不知道该如何做决定，害怕万一出现什么紧急状况，我无法应对。这再一次证明，心理治疗的每个会面都是没法准备的，因为你根本不知道每个会面的当下会发生什么……

　　在女孩的理性坚持下，我点头同意了。得到了妈妈、姥姥和姥爷的允许后，女孩从容地拿起了电话。你知道吗？在这之前，她已经有整整五年没有跟爸爸见过一面，仅有的联系只是通电话，可每次都是简短的几句争吵而已，之后她便会挂掉电话，大哭，崩溃，然后去自残。这是她很久以来的一贯规律。五年后的今天，她终于准备好了。她拿着这首挑战着各种禁区的诗，毫不犹豫地按下了电话号码。那一刻，我的脑子飞速构思着各种可能发生的情景……

　　电话是免提的，全家都能听到。拨完号码后，电话嘟了几声，断线了。她看了看我，问怎么办。我问她，号码对吗？她看了看，又拨了一遍，嘟了几声，又断线了。我以为她要放弃了，没想到她却说，我直接打到他家里吧。我心想，看来这个女孩子已经迫不及待地要在今天了结这件事了。家里也没人接。她又尝试了一下手机，这次竟然拨通了。

　　"天啊，通了。"她小声地说，并示意大家都安静。

　　我的手立马掐紧自己的大腿，心脏咚咚地跳，有种呼吸困难的感觉。我紧张，是因为我害怕她的父亲又说出粗鲁傲慢讥讽的话来打击她，万一我们半年来的进步又被打回原形怎么办？

　　"喂。"电话那头一个沙哑的声音阴沉无力地说。

　　"喂，是我。"女孩回答道。她的脸涨得通红，手无比颤抖，声音也在颤抖，我知道她非常非常紧张。我坚定地看着她（我其实是装坚定，心里早就吓死了），希望这份坚定也能让她变得坚定。她回看着我，坚定地点点头，然后镇定地对着电话那头说："有个东西我想和你分享，这是我花了很久写成的，我想读给你听，可能要花你几分钟时间，你现在方便说话吗？"

"嗯，说吧。"电话那头冷冷地回应着。

女孩又勇敢地说："这是一首我写的关于我人生故事的诗，叙述了我从小到大经历的一些事情和感受。我觉得有必要读给你听一听。给你读完以后，我就要开启我的人生新篇章了。希望你能有耐心听一下。"

当女孩说出"开启人生新篇章"时，我明白了。今天，女孩打算和她的父亲永别了。你知道，当你一直以来都害怕一个人或物时，长久逃避是没有用的，只有最终勇敢地面对它，你才能在心中真正把它放下。今天就是女孩想真正把它放下的日子。

"废话少说，我这边还要工作，过几分钟就得走了，你快点儿。"电话那头又是一阵冷冷的回应。

"好，那我开始读了。"女孩定了几秒钟，深吸了一口气，开始朗读她的诗。她一边读，全家一边安静地听着，连趴在一旁的狗都静得出奇。起初，女孩的声音是颤抖的，里面透着胆怯和不自信。她读着读着，一旁的姥姥不禁流下了热泪，她强忍着泪水继续耐心地听着。姥爷果断转身走了，他显然无法承受这份沉重的回忆。我，自认是一个专业的心理咨询师，但其实也不太擅长控制自己的情绪，有时连看喜剧的动画片都会被感动哭，更不要说这种场合。于是，我把头侧向一边，佯装认真地听着，其实只是想尽力把自己的眼泪赶回眼眶去。

读着读着，女孩的声音渐渐变得洪亮起来，越读到后边，她越显出了自己本来的自信和坚定。就连读到父亲如何对她不好，她如何悲痛、受挫和煎熬的部分，女孩都没有一丝停顿或退却。到了末尾关于她的人生观及她如何从中成长的部分时，我感觉她已经在为自己高唱凯歌了。是啊，就凭她鼓起勇气再次给父亲打电话这件事，就已经证明她战胜了自己内心的恐惧，不是吗？无论父亲最后是怎样的反应，女孩其实都已经胜利了。

诗，终于读完了。她读完的那一刹那，大大地松了一口气。她抬起头，我也抬起头，姥姥擦干眼泪也抬起了头。我们所有人都在静静地等待电话那头父亲的回音。

可是，电话那头却是一片死寂。有那么一瞬间，我甚至以为父亲已经挂断了电话，直到我听到电话那头的一阵长长的叹息声。那是一声非常沉重的叹息声。起初是叹息，然后便是极为尴尬的自嘲的一笑。他笑了一声，又哼了一下，然后感慨地说了一句："This is so sick!"（这太恶心了！）

我震惊了！我简直不敢相信自己的耳朵，竟然有一个作为父亲的男人能对自己的女儿说出这样的话！你就算再怎么不爱她，难道不能给予她一丝最基本的尊重吗？你可知道她为了今天，已经付出了多少？可是，正当义愤填膺的我打算介入这段对话时，突然看到女孩的脸上掠过了一丝释然的微笑，妈妈和姥姥继而抱头痛哭。

我纳闷了，她们怎么会这样？难道不觉得被侮辱吗？我继续听父亲的回复，这才发现原来自己会错意了。我突然反应过来，原来"sick"这个单词有一个口头用法，是"卓越的，超群的"的意思。怪不得父亲后来又反复说了好几遍"太棒了"。

我，终于释然了……

父亲感慨地说："孩子，这首诗，在未来的一两年之内，可能都会镶嵌在我的脑海里挥之不去。"他夸女孩是一个十分有才气的人，为她加油打气，鼓励她继续坚强地走下去。他顿了顿，哽咽地说道："爸爸对于过去所犯下的错，向你道歉，没想到过去的事竟然对你造成了这么大的伤害。爸爸想告诉你，爸爸的家永远都是一个你随时可以光临的地方，只要你愿意，爸爸永远在这里等着你。"女孩听罢，微笑着感谢他说："谢谢你，但是不用了，我有我自己的家，这里有所有我需要的人，我不再需要你了，我不会再给你伤害我的机会。"

父亲突然意识到，这可能是他最后一次听到女儿的声音了。她长大了，她不会再被你欺骗和伤害了，她要彻底和你断绝关系。父亲挣扎着挽回道："好的，我明白，不过以后我们还是可以一起出去喝杯咖啡吧？"女孩说："不会再有了，你明白吗，不会再有机会了。"父亲又哽咽了一下，漫长的沉默后，他缓缓地说："爸爸明白了……那，祝你一切顺利吧，孩子，你要一直快乐和幸福。"女孩礼貌地道谢，然后静静地挂断了电话。

挂断电话后的那一秒，她看着我，眼睛里闪亮闪亮的。

她说，一切都结束了……

我重复道，一切都结束了。

我们同时站起身来，快步走向对方，紧紧地拥抱在一起。毫不夸张地说，她是我见过的最勇敢的人。对于一个曾经无数次伤害过你的人，能有胆量面对他并最终原谅他，这需要的是怎样的勇气和智慧！这一切，都来自一个仅仅十五岁的女孩。她对我说，她马上就要迎来自己的甜蜜十六岁了，她要去心仪的大学参观，她要规划未来，她要去实现梦想，她要彻底向过去说再见。从此，她不再生活在暴力和被暴力笼罩的阴霾下。

临走时，女孩站在门口拉着我的手，给我讲了一件事。她说，小时候第一次被爸爸毒打后，她就开始反复做着同一个梦。梦里的她要么正在和爸爸看球赛，要么正在和他一起郊游，但后来总是一个人被莫名其妙地抛弃在黑暗里，没有出路。在写完这首诗的第二天晚上，她又做了同样的梦。梦里的她正要和爸爸一起去教堂祷告，一转身，他又不见了，又只剩她一个人孤零零地站在黑暗里。她在梦里想，哎，又是这个该死的梦。突然，眼前出现一道亮光，她顺着光走过去，原来是一扇门。推开门，面前竟然出现了一片阳光沙滩清风海浪的宜人景象。沙滩上坐着她的妈妈、姥姥、姥爷、妹妹和我，还有在这个过程中所有帮助过她的人。看到大家正在开海滩派对，她便开心地向他们走去，和他们相拥。扭头回看的时候，发现身后那扇连接黑暗的门已经消失了，身边的一切都被温暖舒服的阳光抚摸着。

　　我听完这个故事，真的觉得好神奇。看到她满脸的释然，我心里有着说不出的激动。我问她，让我再看看你的手，还抖吗？她把两只手放在半空，我俩半蹲着目不转睛地仔细观察，竟然一点儿都不抖了。她幽默地说，我现在终于可以和"帕金森综合征"说再见了。你看，这到底是心理作用呢，还是心理作用呢？

　　全部疗程的最后一周，我们打算以玩给彼此化妆的游戏来结束这个愉快的旅程。我跟她开玩笑说，我已经过厌了素面朝天的日子，你这么会化妆，干脆教教我如何化哥特妆吧。女孩笑着说，以前总化哥特妆，是因为害怕别人看到她哭肿的眼睛。现在已经告别了需要哭泣的日子，自然也用不上这么重口味的妆容了。女孩卸了妆，洗了脸，再次从卫生间走出来的时候，我终于第一次见到了她干净素颜的样子。那真的是一个非常清秀的十六岁女孩的面庞。看到她自信爽朗地大笑时，我感觉心里甜极了，就像吃了一颗美味的巧克力。

正当我以为最后的会面马上就要结束时，女孩突然把我拽到楼上的客厅。我惊讶地发现他们全家人都在客厅站着，个个手捧鲜花和蛋糕，一起热烈地鼓着掌。我以为他们那天碰巧有个家庭聚会，没想到，他们却是为我而来。大家簇拥着和我一同坐在了沙发上，女孩站在客厅中央，神秘地从身后拿出了一张纸。她清了清嗓子，郑重其事地读道："这是一首我写的诗，题目叫作《致我最敬爱的心理咨询师Joy》。"那一刻，我瞬间泪奔了，泪水从眼眶里奔涌出来，停也停不下。女孩在诗歌里描写了和我在一起的每个疗程，并感恩我拯救了她的生命。她说，即便今天就要说再见了，但她会永远记住我的名字，以及我给她带去的快乐（我的英文名字Joy在英语里的意思就是"快乐"）。我永远都忘不了那一天……

这就是我热爱这份工作的原因。你永远不知道下一个转角会遇到谁，会听到怎样的故事，会见证怎样的传奇，会参与进谁的生命变革中。每一天都是新的，等着我去探索。就像《阿甘正传》的经典台词一样，生活是一盒巧克力，你永远都不知道你会从中得到什么。

这是我人生中对我具有转折点意义的第二个案子。在它之后，我不但确定了自己未来想专攻的治疗领域（即情感创伤），更坚定了自己作为心理咨询师的信心。即便这一路走下去会遇到各种艰难，但为了一个又一个这样令人难忘的故事，我觉得做什么都是值得的。也许，未来的某一天，我会再写一本书，专门和你分享我这一路上遇到的难忘的故事和难忘的人。

不管怎么样，未来的路还很长，我为自己开了一个好头。我坚信，只要我追随着自己的兴趣一步一个脚印踏实地走下去，生命一定不会亏待我的。

果断去自我成长

在这家机构工作的两年半里，我总共服务了六十多个家庭，将近八十多名客户。工作小时数总计4176个小时，其中与客户面对面的临床工作小时数为949.5小时，接受督导小时数为109.5小时。凭借着在这家机构积累的工作经验，我于两年半后成功考取了高级临床社工执照，并顺利成为密苏里州的注册TFCBT咨询师。目前为止，在全密苏里州一百多位注册TFCBT咨询师中，我是其中唯一的中国人。

看着这些数据，不禁感叹时间的强大。人的成长就是在时间的嘀嘀嗒嗒中悄无声息地进行的。这些事情要是给九年前刚毕业，或是十一年前刚到美国的我来看，无异于天方夜谭，是连想都不敢想的。然而，这些多年前的目标，现在就这样不知不觉地一一被实现了，真的感觉像是在做梦一样。

工作了这些日子后，我才开始真正明晰了自己的专业兴趣所在和个人的优势劣势，但即便如此，在处理某些问题上还是会感到有些畏首畏尾，对于一些专业问题和领域还是会觉得一知半解。我问主管，到底工作多少年以后才会真的有那种万事都不怕的感觉？主管的答案是，她当时在这个行业里待够了三年，才感觉拥有了对疗程的方向感及治疗全局的把握性；大概是五年以上甚至更多，才有了一种游刃有余触类旁通的感觉。听了这个答案后，比对现如今自己所处的位置和感觉，发现自己是走在了一条正确的道路上，于是放心多了。一切只需继续坚持下去即可。

两年半后，由于我已经拿到高级执照，打算进行事业上的调整，便辞去了这人生中的第一份工作。在最后一个月里，机构又招进了一个新人，主管把她派来给我带。这是我第一次带新人，感觉特别有意思。她总会跑来问我各种各样或简单或困难的问题，其中很多问题在当时同样也困惑过我。大部分问题我都可以给她提供一个令人满意的答案，很多内容的确不是当时别人明确教过我的，而是我经历了多番读书、调研、思考和反复实践才得到的答案。于是我才发现，在不断地尝试、失败、再尝试、成功的过程中，我其实已经慢慢形成了适合自己的治疗方式和理念。回想当初我刚入职的时候，曾经也问过大胡子很多低级愚蠢的问题。那个时候，他总会对我说："别着急，慢慢积累经验，到时候你自然就会有答案了。"在当时看来，这样的"废话"是多么敷衍了事。可现在看来，很多事情原来的确如此。

离职的那一天，主管为我组织了员工聚餐，人们纷纷给我送来了贺卡和小礼物。我和每个人拥抱，感谢他们，告诉他们能和这样一个优秀的团队在一起共事是一件多么令人感恩的事。说实话，虽然我的工作在后期变得非常辛苦，但团队里的每一个成员依然让我觉得这份工作是那么值得留恋。我觉得，在人生职业旅程的第一站就能遇到这样一支积极向上互相支持的团队，真的是我的荣幸。你可以在孤独无助时向他们求助而不用担心被笑话，也可以在烦心郁闷时向他们吐槽而不用担心被告密，更可以在全无方向时找主管求救而不用担心被批差劲无能。团队里的每个人不单单是我的工作伙伴，更在日后成了我的好朋友。他们的存在让我找回了一个一直以来都在寻找的稀有元素——归属感。这真的是人生的一大幸事。

说实话，临走之时，心里还是觉得特别难过。以前工作辛苦的时候，我曾无数次幻想着未来再也不用开车跑到客户家去做咨询的样子。可是，真正离职的当天，我在高速公路上朝着家的方向开去，身后的机构大楼离我越来越远，当我意识到自己从此便不再属于那里的时候，心里还是感到无比的不舍和失落。我茫然地开着车，脑海中回想起两年半前的那一天，自己在同一条公路的相反方向，正要开去机构面试时的情景。两年半后的今天，竟然已经要离开了，瞬间感觉恍如隔世。

有那么一瞬间，我恍惚地想着，这次离职以后，我就没工作了。接下来，我的人生要去往哪里啊？

正在这时，大乔突然打来电话，说为了庆祝我翻开人生的新篇章，晚上他要给我做我最爱吃的排骨炖烩菜，问我什么时候回家。他的声音突然把我从回忆中拽了回来，回想当初辞职的初衷，我猛然清醒，心头顿时翻起一阵欢欣雀跃的感觉。是啊，虽然当下有种种不舍和失落，但是我的决定是正确的。未来还有许多事等着我去做，我要回国陪家人过年，我要写书，我要找一份更棒的工作。将来，我还要买房子，生孩子，开设属于自己的个人心理咨询室。一件又一件令人兴奋的事情涌上心头，顿时淹没了之前的失落感。既然已经准备好迎接新生活，就必须得和过去道再见。

上一个人生篇章已经结束，下一段冒险旅程马上开始。

2013年12月至今

4
Part

最好的时间，安家立业。。

人生是无数挑战和幸福的交织

答题赢彩蛋

用微信扫一扫二维码，
收集获得彩蛋的通关密码

三十而已，挑战新高度

2013年年末从机构辞职后，我所做的第一件事就是和大乔一起回国过中国年。做这个决定不单单是因为想帮大乔圆他的中国梦，更是因为我想回去好好陪伴父母一段时间。多年来在美国上学和工作，已经好久没有回过家了。因此，这一行我们在国内待了整整三个月。在那三个月里，我们帮妈妈庆祝了生日，一起背着旅行包去国内的很多地方旅行。无论是在西安的秦始皇兵马俑，还是在长城故宫，或是在张家界和凤凰古城，大乔都感叹眼前的风景美不胜收。他说他不敢相信自己真的站在这片梦寐以求的中国大地上，他从小到大的梦想终于实现了。我看着他对我的故乡如此热爱，内心再次感慨：缘，妙不可言。

那一年的中国新年，是我这么久以来过得最热闹最愉快的一次。记得大年三十儿一大早，妈妈就带着我和大乔到年货市场买春联和大红灯笼。市场里热闹繁华的场景对我来说再熟悉不过，完全就是家乡的味道，但对于大乔来说，这一切简直就像是一片新世界。市场里新鲜的土特产、卖艺的手工艺人、品种繁多的年货，看得他眼花缭乱，高兴得不肯走。回家后，他跟着我们一起包饺子，贴春联，看春节联欢晚会。零点钟声敲响时，全市烟花四起，照亮整个夜空，我们兴奋地穿起大衣，下楼去看热闹。大乔感慨地说，他这辈子从来都没有见过这么大这么美的烟花。

就这样，我迎来了人生中新的一年，同时也即将迎来一个新的里程碑——三十岁生日。

有一次我和爸爸聊天，谈到"三十而立"这个概念。我说自己马上就三十岁了，可现在不但没房子、没孩子，连工作也没有了，我问爸爸会不会因为我在三十岁时没有"立"起来而觉得我很失败。爸爸笑着说："傻孩子，你们这个年代的'三十而立'和我们过去不一样。现在的三十岁，'立'的是学业，'立'的是家庭。更重要的，'立'的是对未来发展的清晰目标以及在未来斩获成功的实力。"爸爸告诉我，只要有铁打的能力、锲而不舍的精神，以及为理想奋斗的勇气，未来该有的都会慢慢随之而来。

带着爸爸妈妈给我的祝福、勇气和信心，我和大乔结束了在国内三个月的旅程，回到了美国。这一次飞机落地美国时，我却没有了几年前刚到美国时的陌生感和孤独感。终于躺在家里的床上后，心里竟然莫名其妙地冒出一句："啊，我到家了。"这是我有史以来第一次感觉，我在这个世界上有两个家：中国是我的家，我出生和成长在那里，那里有我的爸爸妈妈和童年成长的美好回忆；美国也是我的家，我求学和奋斗在这里，这里有我的爱人朋友和我为梦想拼搏的每个烙印。那是一种很说不清道不明的情愫。

刚回到美国后的前一两个星期，我允许自己好好休养身体，修整精神，为新一轮找工作开始做准备。有一天晚上，本来是随便在网上浏览招聘信息，却惊喜地发现一家我一直以来都很喜欢的机构正在招人。说到这家机构，我跟它的缘分由来已久。最初我在华大读书时，就曾申请过这家机构的实习职位。毕业后找工作时，又申请过一次。遗憾的是，两次申请全部都是石沉大海，杳无音信，后来不了了之。

没想到，这么多年过去了，竟然又让我看到他们在招人。更惊喜的是，他们这次招的竟然是在办公室里进行心理咨询的职位。这不就是我一直梦寐以求的机会吗？除此以外，这家机构距离乔爸乔妈家开车只需要十五分钟（当时我和大乔暂时没有自己的房子，两人住在乔爸乔妈家）。想到自己在之前的机构工作时，每天上班开车就要至少一个小时。离家近这点，对一份心仪的工作来说简直就是锦上添花，求之不得！

当我看到一个我想要的东西时，一定是雷厉风行地跳起来抢。由于上次找工作时积累了一些经验，也吸取了一些教训，于是这次丝毫不敢懈怠，毫不犹豫地在第一时间认真准备起来。我花了一整天的时间写了一份完全为这个职位量身定做的简历，又花了一整天的时间写了一封求职信。资料全部准备完毕后，很快我就把求职申请提交了出去。

接下来，又是那个令人讨厌的环节——忐忑的等待。我起初告诉自己不要那么在意，不就是一个工作嘛，就算被拒了，大不了再找其他工作。但是，时间证明自我安慰完全没用，因为我心里知道我其实是非常想要得到这个职位的。我一边焦急地刷着邮箱等消息，一边在内心担心万一自己和这么好的工作失之交臂怎么办。大乔耐心地安慰我说，属于我的最终一定会属于我。

过了几天，邮箱里依然空空如也，我再也坐不住了。我觉得，对于一份我如此心仪的工作，一定不能坐以待毙被动等待，必须得竭尽所能抓住它。这时，我突然想到了之前机构的督导Beth，她一直是我十分信任的人，也许会有好建议给我。于是，我马上给她写了一封邮件，告诉她我正在申请新机构的工作，问她是否有什么建议给我。Beth很快回复说，旧机构的CEO认识新机构里的一个关键人物，让我直接联系旧机构的CEO。

看到这个建议时，我满脸问号，满心胆怯。这真的可以吗？我以前在旧机构时，只是一个底层到不能再底层的小员工，人家CEO高高在上，根本不认识我是谁，他会愿意帮我吗？贸然联系人家会不会显得太鲁莽？在Beth的反复鼓励下，我试探性地给旧机构的CEO写了一封邮件。万万没想到，CEO竟然秒回了我的邮件！他让我把求职资料发给他，他会转发给新机构的人。我真的不敢相信我的眼睛，这一切是真的吗？但时间紧迫，我没功夫多想，火速把资料发过去，并道了无数次感谢，然后虔诚地祈祷着奇迹的出现！

正在忐忑万分之际，当天下午我就收到了一条来自陌生号码的语音留言。仔细一听，我震惊了，竟然是这家新机构的督导打来的电话，约我一天之后就去机构面试！我真的不敢相信我的耳朵，奇迹真的发生了！事情进展得实在太快，我感觉就像坐了好几轮过山车。

当天晚上我辗转反侧，一想到第二天睁眼后，我就只剩下24小时来准备面试了，焦虑紧张的情绪就难以抑制。但是，我突然想到了大乔的话：属于我的工作，早晚跑不了，再难的困难也一定会迎刃而解；不属于我的工作，再紧张焦虑都没用。我必须得收回心来，踏实地为面试做准备。只要自己尽力了，就可以坦然面对结果。

第二天，我花了整整一天的时间认真准备了面试，继续用笨鸟先飞的方法想出了各种对方有可能会问的面试问题，然后练习答案。虽然那一天时间很紧，身心俱疲，但晚上竟然睡得格外安稳，也许是因为我知道自己已经尽力了。

面试当天，我对面坐着两个人，一个是心理咨询部门的主管，另一个是主管的老板，也就是机构的VP（副总裁）。VP首先简单介绍了机构的发展史，以及心理咨询部门的现状。她说他们目前有五个临床心理咨询师，由于部门一直在扩大，所以目前要招第六个。接下来，她们俩就要向我提问题了。她们明确告诉我，她们不想听我讲理论、技巧，或任何宽泛的东西，只想听我讲具体的故事和案例。

第一个问题："请和我们分享一个你执业以来印象最深刻，久久无法从脑海中抹去的案例。"听到这个问题，我的内心狂喜，因为我有太多印象深刻的案例可以分享了。思考了一会儿后，我把"巧克力女孩"的案例向她们娓娓道来。选择这个案例，是因为它真的是我经手过的所有案例中感慨最深的一段经历。我相信，只要是能从心底打动我的，也一定能打动别人，因为我相信人类的情感是共通的。讲着讲着，当初做这个案例时的每一次会面越来越清晰地浮现在了我的眼前，我越说越激动，双手开始不住地颤抖。案例分享完后，VP的眼眶里竟然泛着泪光，她感慨道："多棒的案例啊！就是这样的故事才会让咱们觉得自己的工作是有价值的。"

听到这句话，我按捺不住内心的激动，心想：太好了，这是面试开始的正确节奏，估计这次没问题了。可没想到，后面的几个问题着实让我感到意外，我才发现自己高兴得太早了。

第二个问题："在过往接受他人服务时，别人做过什么事让你心里感到特别舒心？"听到这个问题时，我脑袋里冒出了一百个问号。但当下没有时间多想，于是就顺着头脑里的第一个想法说了下去。我分享道，当初刚来美国，对当地文化不熟悉，每次在餐馆点餐时，经常有很多东西不太懂，需要向服务员询问。对方总是非常友好和耐心地回答我的问题，这让我觉得他们很重视我和尊重我。回答完以后，感觉不太好。我不知道这个问题和心理咨询有什么关系，因此不确定自己是否回答到点上了。后来想了想，也许她们是想通过这个问题来看看我未来需要怎样的督导。

还没等我缓过神来，第三道问题就来了："你是如何看待改变的？"听到这个问题时，我直接就蒙了。如此宏观和哲学性的问题，我完全没有准备过，到底要从哪里切入？怎么回答才能不显得过于宽泛和笼统？我立刻在脑海中搜寻过往学过的任何与改变有关的理论，简略地分享过后，赶快举了另一个客户的案例，并用其在心理治疗中经历的不同阶段阐述改变的发生。回答完毕后，对面二人的面部表情没有透露出任何有意义的信息，搞得我心里非常忐忑不安，不知道在这个问题上我的表现如何。

接下来一系列的问题包括"你觉得是什么原因使得心理治疗对他人产生帮助？""你希望未来的督导具备怎样的素质？""在上一份工作中，与你合作的团队是什么样的？""未来你希望和怎样的团队一起共事？"……

当这一系列问题回答完毕后，正当我在纳闷为什么她们没有给我出任何临床情景题时，主管突然发话了："最后一道面试题是一个情景题……"刚听到这里，我内心开始小雀跃，心想，来吧来吧，我最擅长的就是情景题了。主管紧接着说："这个情景题是，一个大概40岁的女性来访者来到你的办公室做心理治疗。这是你和她的第二次会面，之前的会面里你已经完成了临床评估。这是你们的第一个治疗面谈，你会如何开始这次会面？我们来做个角色扮演吧。"

当我听到"角色扮演"这几个字时，瞬间怔住了，感觉周围的空气顿时凝结了。做心理咨询的都知道，和同行咨询师做角色扮演是这个行业里最尴尬的人生体验，没有之一。更别说现在要和同是咨询师的面试官做角色扮演，我突然感觉无所适从，想找个洞把自己藏起来。还没等我准备好，对方已经进入角色了，我只能赶快硬着头皮打起精神来。我在大脑里不断地给自己积极的心理暗示，说服自己就把她当成是一个普通的来访者，拿出自己的自信和专业精神认真对待。没过多久，就感觉自己也一起进入状态了。看对方的反应，隐约感觉她们脸上露出的是满意的表情。

整个面试结束后，我紧绷的神经终于可以放松下来了。回顾自己的表现，感觉除了其中几道题表现一般外，其余的题都算是正常发挥了，而且面试时的整体氛围是愉快和谐的。最重要的是，我感觉自己真的尽力了，每道题的答案都是我内心最真实的想法和过去几年执业的真实经历。我提醒自己，不要对这个职位太在乎，既然已经尽力，那就算没有被录取，也不用太气馁，继续找其他工作就行了。

嘴上这么说，我的身体却坐不住了。前脚刚进家门，后脚就立刻给新机构发感谢邮件，并在邮件里重述了自己的几点优势，想试图补救一下刚才发挥不理想的那几道题。可惜，最后人家也没给我回复。新机构告诉我说，在这之后的那一周里，他们还会面试一些人，会争取在下周五做决定。之后的那一周，是我有史以来度过得最漫长的一周。周五之前的每一天，都好似一整年那般漫长。

终于，周五到了。我每隔几分钟就刷一次邮箱，但直到下午三四点钟时，依然什么都没收到。我开始在内心慢慢尝试去接受现实，并安慰自己说，我刚从国内回来，有的是时间找更好的工作，就当这次是练手了。然而，这样的假积极根本无法掩饰内心的难过和失落。

正当我们要吃晚饭时，电话突然响了。一看来电显示，正是新机构打来的！我顿时心头一紧，赶快按下通话键。一通寒暄过后，主管说："我们已经核实了你的资料，背景调查和犯罪记录也都做完了，一切都没什么问题。我们对你的资质和面试表现非常满意，所以决定给你这个offer。你愿意接受吗？"

天啊，这还用问吗？必然是一个大大的YES！当时，虽然表面上佯装镇定和专业，但我心里的天空已经放起了五彩的烟花，激动的心情难以言表！

很快，邮箱里就收到了正式的录取信。和大乔尖叫庆祝过后，我立刻给旧机构的督导和CEO写邮件去感谢他们的帮助。我感谢CEO帮我做推荐，因为如果不是他，对方一定不会那么快看到我的申请资料。谁料，CEO却回邮件跟我说，虽然他当时的确把我的资料转发给了新机构他认识的人，但那个人一直在外地出差，根本没有给他回复，也没有把我的资料转交给心理咨询部。他说，我是靠自己拿到这份工作的。我真的觉得自己太幸运了，在正确的时间看到了正确的招聘，然后抓住正确的时机去申请了它，最后竟然真的被选中了！

这份工作对我来说在很多层面都意义非凡。第一，我将有史以来第一次拥有一间属于自己的办公室，终于再也不用开着车到处跑到客户的家里去工作了。其次，来访者人群将会大大拓宽，除了孩子和青少年外，也会包括成年人和老年人，这将极大丰富我的临床经验。再次，心理咨询部门的治疗重点侧重于情感创伤，这是我一直以来都十分感兴趣的治疗领域，我在这里会得到很多临床体验和培训机会。除此以外，这份工作的地理位置和薪酬福利等，都比上份工作要提升几倍。

拿到这份工作后，我真的感觉自己离未来开设属于自己的个人心理咨询室的梦想又近一步了。冥冥中，一路走来，每一件大大小小的事仿佛都在把我向我的职业目标越引越近。我做的每一次努力都没有白费，每一份付出都得到了回报，这真的是我的幸运。

就这样，我要迎接自己职业生涯中的第二个挑战了。在这个新岗位上，到底会有怎样的经历等着我呢？我已经等不及要一探究竟了。

"永远不要比来访者更努力"

　　在新机构，我有史以来第一次有了属于自己的办公室。当我第一次见到那间门口墙壁上注有自己名字的办公室时，我内心兴奋、喜悦和自豪的感觉可想而知。看着这间办公室，我心里默默感慨道，曾经那个每个工作日都要开车四处奔波，有时甚至会吃在车里、睡在车里的我，现在终于有一个安全和安定的工作空间了。虽然房间并不大，但那是属于我个人的独立空间，可以任由自己随意装饰。我买来了简约大方的白色落地灯、几株容易打理的绿植、美观悦目的墙壁装饰画和有咨询意义的办公室摆件。经过自己这么一打理，这个小空间立刻多了一丝熟悉和温馨的感觉。

　　由于之前在旧机构积累了一些工作经验，这一次入职新机构时，就远远不像上次那样怯懦害怕和不知所措了。刚到新机构的前两周，虽然每天都非常繁忙，对很多工作流程都一知半解，也依然有很多新的专业知识需要学习，但在新环境中却明显感觉多了一些把握感，少了一些焦虑感。每当我意识到自己的头脑被越来越多的事情所占据时，我就会提醒自己要活在当下。我会花时间把自己的疑惑以及一切待办事项一一记录下来，挨个问清楚，轮流去处理。办这件事时就允许自己先不用为下件事担心，等轮到处理下件事时再去想它。很多时候，这个办法都帮助我保持了一个较为清醒的头脑和清晰的方向感。

入职初期我所做的另外一件事，就是渐渐学会如何更好地平衡工作和生活。之前在旧机构工作时，因为我每天都要开车去客户家里做家访，所以生活节奏过快，完全无规律可言，大多数时候都没法在饭点正常吃饭。好不容易找到了时间吃饭，也只是随便买点儿东西在车里狼吞虎咽，吃完后就赶快开车去下一家客户那里做家访。这样的习惯直接导致后来身体健康受到严重影响。

因此，在新机构工作时，我向自己保证，无论如何都要把吃饭这件事重视起来。只有身体健康，工作效率才能提高，我才能更全身心地投入到每一次和来访者的会面中。从那时起，我就养成了每天中午十二点准时吃午饭的习惯。这么多年过去了，这个习惯依然没变。有趣的是，当我把自己照顾好以后，我的整体状态就会慢慢变好，周围的人也会因此受益。从那时养成的关注自己的身体和情绪状态的习惯，为未来我在咨询过程中融入自我关怀这一理念奠定了最初的基础。

在临床方面，新机构的这份工作也给我带来了一些新鲜的挑战。挑战一是我的工作量非常大，手头经常是六七十个来访者，每天从早晨八点半到晚上五点，除了中午午休的半个小时以外，其余时间基本全都在见来访者，行程非常满。以前开车去客户家里做家访时，无比向往未来有一天自己可以在办公室里工作，那样就不用辛苦地开车到处跑了。现在这个梦想终于实现了，却发现原来每天长时间憋在办公室里也有它的不易之处。

这充分证明了世界上根本没有所谓的"完美工作"，任何一份工作都有它的甜头，也有常人看不到的苦头。就好比金融投资者赢利虽然快，但风险却也很高，一不小心就会输得精光。光鲜亮丽的明星们虽然赚钱多，但却也有随时被淘汰和被遗忘的可能。和之前在旧机构的工作比较起来，我在新机构的工作虽然更加稳定、待遇更好、环境更优越，但工作强度和对脑力的需求度却也比之前翻了好几倍。想要得到的更多，自然就要付出更多。

新工作带来的第二个挑战就是我的来访者群体发生了很大的改变。之前的那份工作里，客户群体主要是未成年人，虽然我当时经验不足，但是和孩子在一起总是会相对轻松一些。相比之下，新机构里99%的来访者都是成年人，直接和"大人们"打交道，起初在心理上的确有一些压力。经过了几周的适应，正当我以为自己已经开始逐渐走上正轨时，突然发生了一件让我记忆犹新、现在想起来甚至有些后怕的事情。

那天一大清早，我要见一位新的来访者M。在等候室初次见到她时，明显感觉她看上去有些情绪烦躁。M大概三十岁出头，一头金色长发稍显凌乱地披在肩头，面庞十分消瘦，坐在长椅上不耐烦地抖着腿。我礼貌地上前自我介绍，并询问她是否是M女士。她扭头看到我时，突然夸张而戏剧性地大喊了一句："不会吧？！你开什么玩笑？"我当时一下就惊呆了，因为她的声音非常响亮，全等候室的来访者和工作人员瞬间齐刷刷地看向我们。

在那一瞬间，我的脑海里突然飘过了无数个猜想。"她怎么了？她为什么这么说？她到底是什么意思？我现在该怎么办？"我突然感到有些害怕和担忧，心里一下绷紧了一根弦，猜想道："她会不会看我是亚洲人，所以感到意外和失望？她会不会有些歧视亚洲人？"当下的情形根本不容我多想，我赶快又谨慎地问了一遍："对不起，请问您是M女士吗？"她看上去显得特别烦躁和生气，从长椅上迅速站起来，往办公区径直走去，边走边不耐烦地说道："少废话，知道还问？你赶快说，你的办公室到底在哪儿？少浪费老娘的时间，这栋楼里的工作人员难道全是弱智吗？"我当时真是满头雾水，不知道她为什么有这么大的火气。我什么都还没做，就被骂成这样，接下来这一个小时的会面到底该如何度过啊？这样的场景实属我人生中第一次经历，突然间不知道该如何应对了。

进到办公室后，她选择坐在离我较远的那个座位上，和我之间完全没有眼神交流，很明显她想要和我保持距离。我在心里认真想了想，然后谨慎而好奇地问道："能看得出来您非常生气，请问您之前在我们机构有过什么不愉快的经历吗？"她斜眼看了我一眼，"哼"地冷笑了一声，大声骂道："你装什么关心人？我知道，你跟其他所有人一样，表面上装出一副关心人的样子，但实际上只是为了赚钱而已。我警告你，你最好不要再问我这些愚蠢透顶的问题了，小心把老娘惹毛了！"

我的内心又是一怔："天啊，她这到底是怎么了？她到底经历了什么？我到底该怎么办？"我深吸了一口气，然后小心翼翼地吐气，生怕由于声音过大而引爆她内心的炸弹。过了一会儿，我再一次尝试跟她耐心地沟通。我告诉她我理解她的怒气，告诉她我并不会强迫她聊一些她不想谈论的话题。我告诉她心理咨询是完全自愿的，如果没有做好准备，她完全有权利选择离开；如果她想知道心理咨询如何可以帮助到她，我也很愿意说给她听。

M女士听完这段话以后，一声不吭。有趣的是，她并没有真的起身离开，也并没有继续骂我。见状，我内心窃喜道："难道她这么快就接受我的邀请了吗？"

于是，我试探地拿出心理咨询协议，开始介绍机构的咨询项目，并准备开始为她做心理评估。没想到，第一个评估问题刚一出口，她迅速从远处的凳子上站起来，一个大跨步迈到了我面前，指着我的鼻子厉声骂道："你给我听好了，我已经跟你说过了，不要再问我这些愚蠢的弱智问题，你以为我是傻子吗？我让你闭嘴，听到了吗？再不闭嘴的话，小心我打你！"

话音还没落，她的拳头已经举到了半空，停在了距离我的脸大概几厘米的地方。她的速度实在太快，导致我以为她真的要挥拳打我，于是下意识地飞快躲到了一旁。那一瞬间，我第一次因为自己的人身安全可能受到威胁，而产生了真真实实的恐惧感。因为办公室空间狭小，我所坐的椅子已经顶到了身后的墙壁，实在没有任何空间容我继续后退了。于是，我一侧身，站起身来，快速走到门口，打开办公室的门，对她说："我能看得出来你现在心情很不好，我建议我们出去聊吧，你看怎么样？"她一副不屑的样子，狠狠地瞪了我一眼，然后大跨步走了出去。我这才松了一口气，心想，这下我至少安全了。我硬着头皮跟在她身后，脑海中飞速寻找应对策略。

就在M女士刚踏出机构大楼的那一刻，令我完全意想不到的事情发生了。我们刚走到大楼后面的草坪处，她立刻就像变了一个人似的，安静地从兜里掏出一支香烟，开始坐在地上抽起烟来。我站在离她大概一步远的距离，认真地观察她。她的双眼看向远方，一副若有所思的样子，时而感觉她脑子里在想好多事，时而又感觉她是大脑完全放空的样子。

　　过了很久很久，她的烟抽尽了，我才试探地问她："出来呼吸一下新鲜空气，现在感觉如何了？"她点点头，好像是在告诉我她心情好些了。之后，她竟然用十分平静的口吻问我："你需要把你的笔记本电脑拿来吗？咱们可以坐在这里聊。"我当时诧异极了，心想："天啊，这和之前的她简直是判若两人。"因为看到了这个契机，我内心激动不已，微笑地跟她说："没事儿，我不需要电脑，东西可以记在脑子里。我只希望你现在心情感觉平复一些了。"她又点了点头，说："嗯，现在感觉心情好多了。刚才我显得有些鲁莽，向你道歉。"听到她说"道歉"一词时，我有点儿不敢相信自己的耳朵。前一秒还要挥拳打我，后一秒就在道歉，搞得我一时之间不知道如何招架。我谨慎地并排坐在她的身边，开始做心理评估。

　　原来，她之前有过一个心理咨询师，她和那个咨询师相处得特别好，和她在一起工作了一年多时间。后来，那个咨询师因为要搬家而辞掉了工作，她还没有完全从那种伤心失落的情绪中走出来。她跟我说，她是一个不擅长和陌生人相处的人，一见到陌生人就非常焦虑和紧张。为了保护自己，又或者是为了试探对方，她往往习惯以十分暴力的方式和他人相处，这是和她的童年成长经历有关的。

　　我接受了她的道歉，感谢她愿意和我分享这些，并问她是否愿意下周再来见我。她扭头看了看我，算是第一次和我进行眼神交流，之后低头微笑了一下，说："嗯，我觉得我应该多给你一些时间，让你多了解了解我，我也可以多了解一下你。"于是，我们握手"言和"了，这次会面就在这样和平的氛围中结束了。

　　看着她的车疾驰出停车场后，我坐在原地一动也不能动。虽然整个会面过程中我并没有受到任何肢体上的伤害，虽然这个会面在经历了"过山车"后还是以积极的方式结束了，但是最初体会到的惊恐感还是久久停留在我的身体和大脑里挥之不去。有趣的是，除了惊恐以外，我还同时感到了一丝欣慰、一丝期待和一丝好奇。我能感受得到她在内心深处其实是渴望被看到、聆听和关怀的，于是非常期待未来和她的会面。那是一种很奇怪的感觉，仿佛即使知道和她会面可能会置自己于危险中，也依然想义无反顾地去帮助她。我想，会不会很多最初踏入这一行的人，都在内心深处隐隐有一种类似的英雄情结？

然而，在那之后，M女士并没有再来见我。

起初，我因为这件事非常自责，开始质疑自己。我在想，肯定是因为我做得不够好，对首次会面的应对不够到位，才导致自己没能赢得她的信任。换作其他更有经验的咨询师，一定会处理得比我更好，他们一定能更好地帮助到M女士。都是因为我，才使M女士彻底丧失了对心理咨询和心理咨询师的信任。

可后来，我查看了M女士的个案管理员的工作笔记，其中提到她当时正因为酒驾而被警方拘留，同时因为长期拖欠房租而被房东驱赶，马上就要无家可归了，因此她才无法继续接受心理咨询。

除此以外，个案管理员在笔记中提到，每当他去M女士家中见她时，M女士经常会对他大肆辱骂，有时甚至会直接把他从家里赶出来，以至于他不得不提前结束他们的会面。我这才意识到，她当天对我的辱骂和威胁并不是因为我是亚洲人，因为她并不只是单单对我如此，她其实对每一个想要帮助她的人都是这样的。

这个案例在当时对我的影响很大，并不是因为人身安全问题——毕竟这种事情极少发生，而且我当时的大多数来访者情绪都相对稳定。这个案例对我的影响在于它帮助我重新审视了心理咨询师这一角色的意义，以及咨询师和来访者之间的咨访关系。

说实话，入行初期，我对心理咨询师的角色理解就是我要去改变来访者。那个时候，每当碰到M女士这样的来访者时，我都会好奇地想："这个人到底经历了什么？为什么会变成现在这个样子？他有怎样的故事？我无比想要一一去了解，因为我觉得我有责任去拯救他。茫茫人海，偏偏让我遇到了他，这是缘分，所以我一定要帮助他！"我以为只要自己努力点、再努力点，可能就会使来访者动容，使他们愿意去改变。

这样的热忱、信念和执着使我全身心投入到了每一次会面中，然而也正是我当初对心理咨询师角色的理解偏差，导致我在很长一段时间内都给自己施加了无形的压力。我越强求每一次会面都能有进步，反而越能感受到来自来访者的阻力，这使我感到愧疚、受挫、茫然和困惑。这其实是每一位新手咨询师都会体验和经历的过程，这就是为什么很多刚入行的咨询师容易产生职业倦怠，也最容易在入行的前几年就放弃这个职业。这都是因为咨询师没能很理性和准确地理解自己的角色，以及自己和来访者的关系。

后来又经历了几个类似M女士这样的案例，使我最终意识到，我不是英雄，也不是超人，更没有灵丹妙药，根本不可能在短时间内改变任何人。他们当下所经历的心灵伤痛都是日积月累堆积而成的，自然也需要长久的时间去彻底愈合。改变这件事根本就不是我应该做的，也不是我可以掌控的。

改变或愿意改变的心，只能来自来访者本身。他们才是改变之旅的掌舵人，他们才是自己生活的专家和解决自身问题的大师。心理咨询师这一角色更像是一面镜子，帮助来访者客观地在镜中看到自己未曾意识到的东西，给予他们勇气和信心去面对和探索自己内心的恐惧，并在情感、心理和行为等多个层面为其赋能。

就像旧机构督导Beth和我分享的一样，我作为咨询师，能做的只是在来访者内心放入一颗种子。等时机到来时，它自会生根发芽。每经历一个类似的案例，我就会又一次真切地深刻体会到这句话的含义。Beth还跟我说过另外一句话："在心理咨询的过程中，当你发现你比你的来访者更努力时，就证明你已经偏离航向了。这个时候，停下来，然后静静地等待和陪伴。要记住，永远都不要比你的来访者更努力。"

能想通这一点，也是经过了多年的实践、失败、再探索，以及无数次督导的结果。多年后的今天，我终于明白了作为一名心理咨询师，什么是我该做的，什么是我不该做的，什么时候我应该上前推一把，什么时候我应该适时退出。这些敏锐的直觉和临床判断力，都是需要很多时间和经验去耐心练就的。

当我意识到这些重要的道理时，我才发现每一个类似和M女士这样的会面，其实都不能算是失败。正是通过一个个这样不尽如人意的会面，我才可以从中学到每一个咨询师都需要学习的重要一课。看，人生的道路这么长，脚下的每一步路都不是白走的。

自我肯定比外界认同更强大

在新机构工作了大概半年以后，我渐渐找到了适合自己的工作节奏，和自己的来访者建立了非常稳固的相互信任的关系，与身边的同事们也逐渐熟悉了起来。我感觉自己已经完全适应了这份新工作，一切都走上了正轨，我仿佛可以看到自己在这里工作五年、十年的样子。

然而，在一次和主管进行督导时，发生了一件让我心里感到有些不愉快的小事。当时的我怎么都没想到，这件看上去很小的事却引发了一系列连锁反应，直接改变了我内心的职业轨迹，推动了两年后我的跳槽和创业。

事情还要从我当时见的一个来访者A说起。

A是一位五十多岁的中年女性，从小被父母虐待长大。那个年代的有些人不把父母对孩子的毒打称作"虐待"，而把它称为"管教孩子"。每次毒打A时，她的父母总会满嘴谩骂："婊子""畜生""软蛋包"……由于从小就经常听到这样的词语，导致A在很小的时候真以为这些词就是她自己的名字。长大后，A的父母相继去世，A自己也已经为人妻、为人母。然而，她在内心深处却依然觉得自己是一个一无是处的"废物"。她找到我，希望我为她做心理治疗，帮助她彻底愈合童年阴影给她造成的情感伤害。

很巧的是，那段时间我刚接受完认知处理疗法的培训，觉得这个疗法非常适合A女士。在我们一次次的会面中，我运用认知处理疗法慢慢引导她重新审视她的自我认知。渐渐地，A女士慢慢意识到，父母对她进行辱骂和毒打并不代表她是一个坏孩子，那也许只意味着一直以来酗酒和吸毒的父母自身也有很多伤痛未被看到，而暴力是他们唯一懂得的表达方式。

在我们的一次会面中，我很好奇地问她，除了她的父母以外，还有谁曾经以这样暴力和虐待的方式对待过她。她思考了好久好久，然后难以置信地回答道："没有了。"我又假装好奇地问她："真的没有了吗？你可以花时间想一想，因为我感到很好奇，如果你真的是一个非常不堪的人的话，理应每个人都以类似的方式对待你，那样逻辑上才说得通啊。"A女士若有所思地点着头，又一次陷入了沉思。过了好久，她稍显肯定地答道："真的没有了，我回忆了我的同学们、朋友们、老师们，还有现在的同事们，还有我的老公和孩子们，他们真的都非常爱我。"

听了她的回答，我释然地笑了笑，然后又假装好奇道："这听上去很有意思，也就是说这么久以来，只有你的父母才会让你觉得自己一文不值，而其他所有人都非常爱你和关心你。那么，你觉得这是你的问题，还是你父母的问题？"

答案呼之欲出。

A女士终于意识到一切的时候，她深吸了一口气，吃惊地看着我，有点儿不敢相信自己终于意识到的这一切。她怔了几秒钟之后，把脸深深地埋在了手掌心，开始号啕大哭。我只是静静地在那里陪着她。哭了许久后，她慢慢抬起头，握住我的双手，泪眼模糊地哭诉道："你真的不知道，我从小到大，活了半辈子，一直都觉得父母打我骂我，是因为我做错了什么，是因为我是一个坏孩子。我等待自己解脱和释然的这一天，已经等了太久太久。此时此刻，我感觉心头的一块大石头被移走了，感觉自己突然又可以呼吸了。我内心里的那个小女孩终于意识到，这一切其实根本不是她的错。她其实很好，之前已经死去的她现在终于又复活了。"

当下听她说这些话，我的内心又激动、又感慨、又欣慰、又释然。这是我在新机构工作这么久以来，经历过的最令人难忘的、具有重大突破性质的一次会面。我感觉自己有好多话想分享，好多思绪想整理。

和来访者的会面刚结束，正好赶上我和部门主管的每周督导时间，我怀着无比激动和兴奋的心情，三步并作两步地小跑到她的办公室，等不及和她分享刚才发生的一切。主管坐定后，开始询问我最近和来访者的工作进展。我热情洋溢地开始向她汇报刚才和A女士会面中发生的事情，期待能从她那里得到一些认可和肯定。

没想到，当我分享完后，主管竟然完全没有反应，只是面无表情地看了看我，然后转过头去在电脑上敲敲打打。半晌过后，她冷冰冰地问了一句："你是用了认知处理疗法治疗手册里的哪个表格使来访者在情感层面获得这样的突破的？"我直接被这个问题问蒙住了，心想，这重要吗？但是，主管既然问了，我就得答上来，于是我赶快拿出治疗手册查看，告诉她我是按照A表格的思路走的，但并没有完全照搬表格上的问题原话。

主管听罢，立刻反问道："为什么用A表格，而没有用B表格？"

我一下就愣住了，突然变得非常紧张，以为自己做错事了，赶快着急忙慌地解释。这个问题还没解释清楚，主管又紧接着质疑我是不是把疗程的前后顺序弄颠倒了。我一方面感觉她的问题完全驴唇不对马嘴，但另一方面又不得不去为自己辩解。

我这个人有个毛病，情绪放松时，英语可以长串长串地说，流畅自如极了。但是只要一紧张，说英语时就会立刻变得磕磕巴巴，连一个简单靠谱的句子好像都发挥不出来了。这时，主管就更会以一种质疑的眼光看着我。她的眼神仿佛是在怀疑我在疗程中和来访者取得的突破是否真实。总之，这次和主管的谈话非常尴尬，督导时间最后在不愉快的氛围中结束了。除了她的质疑以外，我并没有得到任何形式的赞许或认可。

回家后，我郁闷极了。越想越纳闷，越想越生气。仔细回想来，我才突然意识到，自从在新机构开始工作后，我好像就从未从这个新主管那里得到过任何认可。其实美国人是非常喜欢把类似"干得好"这样的赞扬挂在嘴边的，比如我之前在旧机构共事的督导，从来不吝啬对他人的赞美之词。每当我质疑自己或茫然无措时，她总会点出我值得肯定的地方，很多次都使我倍受鼓舞。然而，这个新主管却是截然相反的处事风格。

以前，每当我听到别人说因为被他人批评而导致心情不好时，我总是无法理解。我会纳闷，为什么要在意他人对自己的看法呢？自己知道自己好不就行了吗？可是，那段时间和新主管共事之后，我突然深刻地意识到，当一个你很在意或和你有重要关系的人对你的付出采取鄙夷、否定或无视的态度时，真的会非常刺伤自己的内心。我已经非常努力了，也已经在原有的基础上进步了那么多，取得了那么大的突破，但对方不但视而不见，甚至还在鸡蛋里挑骨头。当下我的第一个想法就是，是不是我做得还不够好？

当我终于因为主管冷血和挑刺的态度而濒临崩溃之际，我和好友胖咸鱼打了一通非常重要的电话。虽然我们的每次通话对我来说都无比重要，但是那次通话真的把我的认知带到了另一个新高度。经过那次通话，我又一次清晰地认识到，就算周围所有的人都不去肯定我，我也要继续去肯定自己、认可自己。这个世界不可能走到哪里都是鲜花和掌声，有时周围的确会寂静一片或乱剑横飞，这个时候，就更得自己给予自己所需的肯定和鼓励。别人根本没有资格去评断自己的付出或自己本身是否有价值，唯一有资格的人只有自己。

我突然回忆起大学时期和胖咸鱼二人埋头苦学的那段日子。现在回想起来，那时真是够苦的，我们二人从来不花心思在逛街购物、吃喝玩乐上，每天唯一在乎的就是自己是否完成了当天的学习任务。当时身边的很多朋友都以为我们疯了，学成了"书呆子"。然而，这么多年走下来，事实证明，我们并没有疯，也不是"书呆子"，只是当时的我们很清楚什么对我们更重要而已。

回到这次让我内心不愉快的这件事上来。当下没有像主管说的那样运用B表格，就真的代表我做错了吗？当下没有得到主管肯定的我，就真的不够好或没有价值吗？一定不是。当我无论如何都依然无法从主管那里得到丝毫的认可和赞扬时，就得慢慢学会如何用其他标准来衡量自己的工作表现，比如从来访者那里获取反馈，从工作成绩中衡量自己的进步，或慢慢学会如何自我肯定。

想通了这些事情以后，突然觉得主管的喜好和观点不那么重要了，只要弄清楚什么才是最值得在意的（*我的来访者们的体验*），并把这个作为最精准的评估标准即可。在那之后，我顺利地通过了工作六个月的考核。考核结果是，在最初工作的六个月里，81.2%的来访者通过心理咨询取得了进步，来访者们对疗程的平均满意度是91.1%。这些数字，就是对我工作的最大的认可。从此，我向自己承诺，再也不轻易因为他人的言语而质疑自己的价值。有建设性的建议，一定虚心倾听；明显毫无事实根据的评断和质疑，一律忽略。

即便道理都明白，但有的时候依然会因为主管的故意刁难而苦恼和委屈，会因为从主管那里学习不到任何临床方面的新知识而觉得自己在原地踏步。但是，埋怨没有用，我只能自己想办法解决问题。从她那里学不到东西，于是我就尽量多和同事们进行朋辈督导，来提升自己的临床能力。

每次因为主管的事情而烦恼时，我就会提醒自己不要忘记自己最初为什么会选择这份工作，以及我从这份工作中想得到什么。我会把自己的视角从每天细碎的工作中抽离出来，从宏观的角度去看待我的整个人生。和我的整个人生比起来，这份工作只占据了其中太小太小的一部分。未来几十年后，我再回顾往事时，也许甚至都不会记得这位主管的名字，因此自然不必太把她放在心上。我需要记住并提醒自己的是我未来的事业之路要走向哪里。毫无疑问，未来我希望能创办一间属于自己的个人心理咨询工作室。既然这是我的大方向，那我就应该认真想一想，此时此刻我能从这份工作里学到哪些东西能在将来的创业之路上帮助到我。

这样一想，答案就很清晰了。我需要积累尽量多的临床经验，并最大限度地丰富我对不同临床疗法的认识、理解和运用，因此机构提供的每一次培训我都不能错过。除此以外，我要尽量多从其他更有经验的咨询师那里汲取开个人心理咨询工作室的经验。当时，和我共事的同事们大多都比我有工作经验，要么就是曾经开过个人心理咨询工作室，要么就是在其他工作室兼职，所以他们对于私人执业的运作模式非常了解。于是，我会经常去跟他们请教经验，光听他们分享自己当年的创业史都觉得受益满满。

每当我把重心放在这些更有用的事情上时，就发现自己不会再因为一个"奇葩老板"而郁郁寡欢了。比起努力博得她的欣赏和认可，我有更重要的事值得去做，有更高远的目标值得去奋斗。

很快，我的心态得到了转变，在接下来的一年多时间里，我全身心投入到临床工作当中，自己的进步是肉眼可见的。还记得几年前的自己初入职场时，对临床知识掌握不扎实，见客户时毫无底气，还曾因为害怕失败而故意取消与客户的会面，有时连自己都不相信自己工作的意义了。工作多年后的我，早已在跌跌绊绊中成长为了一个有经验的咨询师，见来访者时举手投足都充满着真实的自信，无论是语言能力还是专业能力都已经翻倍了。为此，真的要感谢过去那个一直努力奋斗的自己。

在新机构工作的第二年里，我已经从菜鸟晋升为"老人"，社区机构的人员流动性就是这么大。不但如此，在个人生活里，我和大乔的二人世界变成了三口之家。小乔的诞生不但使我们的生活变得更丰富多彩，让我们有幸享受到了天伦之乐，也很大程度上改变了我的职业规划。

年中发生了几件事，直接把我推向了创业的大门。

时机到了，去创业！

　　年中时，全机构开始莫名地进行一大批管理层的人事调整，很多办公区域都进行了重新划分。所有咨询师的办公室都被其他部门占用了，我们被集体调到了地下室的"小黑屋"里。我们称其为"小黑屋"，是因为地下室的办公室空间又小又窄，而且没有窗户，昏暗极了。自从我们"搬家"后，先后收到很多来访者的投诉。这些来访者本来就有抑郁症，甚至还有一些人有幽闭恐惧症，来到这样的办公室后反而让他们原本糟糕的心情变得更差了。我们几个咨询师前后几次和机构协商都未果，气愤又无奈。但是，消极愤懑毫无益处，只能积极面对和调整。我又竭尽所能把新办公室装饰了一番，但感觉已经和以往大不相同了。

　　一两个月后，机构正式宣布要和另外一个机构合并，全机构上上下下在政策方面开始做出大幅度的调整，包括我们的操作系统、机构的规章制度、员工的工作时间等。这时，我们才突然意识到为什么机构管理层之前有了那么多人事变动。

　　说实话，我不是一个害怕改变的人；相反，我喜欢改变、热爱改变，因为我的适应能力极强，我认为改变会带来意想不到的机遇。

因此，最初刚刚听到一系列的改变措施时，即便需要花额外的时间去适应，我也一直都在努力调整自己的心态去积极面对。最后，机构出台了另外一项政策改革，即对心理咨询师的工作要求和考核标准的调整——也正是这项改革最终使我下定决心从机构离职，正式走上创业的道路。

以前，机构对咨询师的考核标准是放在咨询质量上的，即来访者在接受心理咨询后症状的改善，以及他们对心理咨询服务的满意度。然而，改革后的新考核标准完全只关注咨询师所见的来访者数量。原本，我们每天需要见大概五个左右的来访者，中间可以有时间学习、做调研、写工作笔记和进行督导。而改革后，机构竟然要求我们每天都要见八个来访者，每个会面都必须长达53分钟以上。

每天八小时工作日里见八个来访者是一个什么概念？

这就是说从我们每天早晨到了机构的第一分钟起，就要开始见来访者，直到下午下班，中间有时甚至连午饭时间都没有，更别提学习、调研、写工作笔记和督导的时间了。鉴于当时机构所见来访者症状的严重性，我们每天都要持续八个小时高强度地与这些来访者保持共情状态，到了下午最后一两个会面时基本已经无法保证质量了。回家后，每个人都像行尸走肉一样，精疲力竭，原地倒下。为了给机构创造收益，却牺牲了来访者和员工的权益，这点是很多人怎样都无法接受的，包括我在内。

很快，一系列不合理的改革使得机构员工怨声载道，大家压力都非常大，员工士气渐渐跌入谷底，很多人都在私下议论着跳槽。

机构在经历着一连串重大的变革，我的内心也已经悄无声息地展开了一场心理拉锯战。

　　拉锯战的一方，我把它称作是"渴望冒险的我"。这个层面的我是一个十足的梦想家，打从我第一天接触临床心理咨询开始，就知道我的长期职业目标是拥有一个属于自己的个人心理咨询工作室。所以，每次做出任何职业选择之前，我都会问自己：我目前要做的这个决定，是否可以帮助我向我的长期职业目标再迈进一步？如果是的话，哪怕这份工作再辛苦，我都会义无反顾地去选择，因为我知道它的回报是值得的。我的长期职业目标就像是一颗北极星，有它为我引路，我就不怕在黑暗中走丢。

　　因此，在过去很多年的工作中，我会时刻告诉自己要耐心积累临床经验，等攒够了经验，就有资格去开自己的工作室了。没想到，就这么说着说着，竟然六年时间过去了。在这六年里，我成了家，买了房，生了娃。生活里发生了那么多变化，但事业上却一直重复着一模一样的日子。来访者不同，他们的故事不同，但我每天的工作本质却是一模一样的。经验倒是积累了一堆，但工作室还是没有开起来。

　　我开始问自己，经验到底积攒多少才算"够"呢？真的有"够"的那一天吗？又或者，有没有可能"积攒经验"本身就是一个逃避面对风险的借口？

　　我想了好久，发现所谓的"够"，其实是根本不存在的。我永远都无法为一件事真真正正准备好。这就好比考试之前，我永远都无法真正复习完，因为永远都有更多的东西可以去复习。又好比小乔出生之前，一大家子人忙里忙外，但无论是物质上还是心理上的准备，都永远没个够。每当自己以为已经准备好了，脑子里却会突然冒出一个"万一……怎么办"的想法，触发新一轮的准备。如果我真的继续这么"准备"下去，可能早已跟无数个机会擦肩而过了。

越是这么想着，越觉得自己不能再继续这么等下去了。"渴望冒险的我"史无前例地在内心向我大声呼喊道："嘿，别犹豫了，现在就是创业的最佳时机，赶快行动吧！"

可是，正当我打算开始认真考虑离职这件事时，心理拉锯战的另一方就会牵绊住我前进的脚步。我姑且把这一方称作"渴望安稳的我"吧。

"渴望安稳的我"表面声称自己喜欢安稳舒适的生活，但它的内心其实充满了恐惧。它害怕失败，害怕丢脸，害怕从头来过。尤其在有了自己的家庭和孩子后，"渴望安稳的我"在我的内心世界里就变得更强大了。这其实也是很好理解的，毕竟我有家有孩子，有账单要付，有责任要担，在没有十足把握的情况下就辞职创业，怎么看都是不太成熟的。

这个层面的我在内心总会有很多担忧：我真的有资格开工作室吗？我会记账吗？我会管理吗？我到底要去哪里找客源？现在来访者来找我做心理咨询，是因为他们相信机构的牌子。但是，如果我是一个单独的个体，那些美国人凭什么会愿意来找一个英语不是母语的亚洲人做心理咨询？就算我无比幸运，真的把工作室开起来了，这真的是一个长久之计吗？万一没开多久就断了客源，导致我失业怎么办？到时候岂不是竹篮打水一场空？我和大乔两个人的收入缺了谁都不行，我要是失了业，那我们万一还不起房贷怎么办？房子被收走怎么办？最后万一露宿街头怎么办？小乔饿死怎么办？我们仨都饿死怎么办？

每当我的大脑里飞过这些思绪时，恐惧就会像枷锁一样把我牢牢地锁在自己温暖的舒适圈里。"渴望安稳的我"会适时地跳出来劝我："再等等吧，别冲动，冲动是魔鬼，先多攒攒工作经验再说。虽然机构有很多变革，但是也许你真的可以挑战极限，每天见八个来访者呢？更何况，这份工作离家又近，待遇又好，福利更是没得说，这样的工作不好找，要珍惜眼前拥有的一切啊。"

最初，我真的被"渴望安稳的我"说服了。有一次，我尝试约了八个来访者。没想到，那天他们八个人竟然全来了。就在那一天我见完八个来访者后，拖着疲惫的身体回到家，用最后一丝力气吃完了晚饭，连陪小乔多玩一下的精力都没有了，直接就倒头睡着了。当时，才是晚上八点多。再一睁眼，已经第二天天亮了，差点儿上班迟到。第二天，约了八个，来了七个，又是打仗般的一天。回到家后，已经一天没见小乔的我，本想多陪陪她，却根本没有一丝力气了。晚饭后，我哄小乔睡觉，她还没睡着，我自己却先睡着了。

第三天，又是连续见八个来访者。正忙得焦头烂额之际，突然看到乔妈发来的一段视频，是她陪小乔在公园滑滑梯的样子。我多渴望此时此刻可以陪在我的孩子身边啊……

看着小乔在视频里开心大笑的样子，不知道哪里来的勇气和决心，我突然一下清晰地意识到，我不能再这样继续下去了。现在这样工作和生活完全失衡的状态，对自己不公平，对来访者不公平，对大乔、小乔更不公平。他们每个人都值得我百分之百全身心地投入，如果我连自己都照顾不好，该如何才能照顾好他们？

我开始重新审视自己，我很好奇内心那个"渴望安稳的我"为什么觉得我没法成功创办自己的心理咨询工作室呢？问来问去，它也无法给我一个明确的答案。事实又一次证明，我内心的担忧都来自恐惧的情绪，而不来自事实。我问自己，从小到大我经历了这么多事，有没有哪件事是我真心想做却没有做成的？答案是没有。既然知道只要用心，就没有做不到的事，那我还有什么可怕的？

我虽说是在机构积累经验，但时光就在这个过程中匆匆流逝了。在日复一日的循环往复中，我对学习新知识的渴望渐渐淡化了，灵感枯竭了，内心好像也慢慢产生了倦怠感。有时，甚至疲倦到自己都不太在乎是否未来能开工作室了，因为感觉这样舒适的生活其实也没什么不好。这样的想法让我着实感到后怕。

在这个关键时刻，我想到了去向爸爸妈妈征求建议。他们二人总是能在我最需要的时候帮助我看清眼前的道路。我先后和他们进行了交心长谈，分享了我内心深处的心理拉锯战。爸爸妈妈分别和我分享了他们的看法。爸爸送给我两句话：第一句话，富贵险中求；第二句话，人生能有几回搏？！我感慨中文的伟大，短短几个字，就蕴含了那么多哲理和力量。

妈妈更是温柔且坚定地跟我说："妈妈觉得你内心其实是知道自己想要什么的。妈妈支持你，也相信你，妈妈觉得没有什么是你做不到的！"我难以置信地问她："你怎么对我这么自信？我可是个文科生，只懂心理咨询，完全不是做商人的料，既不会做宣传，也不会找客源，你为什么觉得我能把这个工作室开起来？"妈妈依然无比坚定地说："不会的东西你可以慢慢学嘛。酒香不怕巷子深，只要有本事，在哪儿都能发光，早晚都会被人看见。"

我本以为爸爸妈妈会因为我当了妈就劝我少折腾，求安稳，没想到他们二人不谋而合，一致表示支持我辞职创业的想法。现在回想起来，我依然觉得难以置信，并为自己能有如此开明和智慧的父母而深深感到幸运和感恩。从小到大，每一次我要做重要的人生选择时，我的父母都会毫无保留地相信和支持我，并在我犹豫、害怕和担忧时，给我鼓励，为我出谋划策。我想，如果我今天突然告诉他们我想转行当航天员，他们可能都会不假思索地说："行，没问题，我们支持你，你准备什么时候开始去接受培训？"没有他们，就真的没有今天的我。对他们的感激之言，说到天亮都说不完。

大乔就更不用说了。每当我问他我应该如何选择时，他唯一在乎的就是哪个选择会让我更快乐。在他看来，任何物质条件都不如内心的快乐来得更重要。他总说不要因为一些外在的东西而逼迫自己去做一件自己并不那么喜欢的工作，即便我们的经济状况可能在短期内会有些紧张，但是他相信我的付出一定会在长期得到相应的回报。

是啊，创办自己的个人心理咨询工作室听上去的确是一件很可怕的事，因为这是创业，仅仅做一名优秀的咨询师是远远不够的，我还要学会如何理财、规划、营销、宣传等，这里面的每一步都是我完全不懂的。但是，这反倒可以说明，当我把这一切技能都慢慢学会后，未来的我就会比现在的我进步一大截！

更何况，我之前脑海里设想的那些"万一"，就真的会出现吗？客观来看，概率很低，几乎为零。既然如此，我怎么能因为那些假设场景就和自己多年以来的职业梦想擦肩而过呢？想一想，在整个事情中，最坏的可能性是什么？顶多就是工作辞了，咨询室也没做起来，到时候大不了就再找一份工作，一定不会到饿肚子的地步。这个世界上没有真正意义上的失败，就算我摔个狗吃屎，我可以从中汲取经验教训，然后重新出发。只要有这个心，早晚能成功。这不就是我多年以来一直秉承的做事准则吗？

厘清这些思绪后，我的内心明朗多了。

我不想继续在一个我不喜欢的环境中苟且下去了，我不想只为一些数字去工作了，我不想再继续错过小乔成长过程中一个又一个重要的里程碑了。人生短暂，我没有任何时间去等待或浪费。我不想说"将来，我想……"了。我要从今天、现在、此时此刻开始，就去做我真正想做的事！

2016年8月11日，是一个值得纪念的特殊日子。那一天，我的个人心理咨询工作室正式成立了！我戏称它为我的"二娃"。那时的"二娃"只是在法律意义上被正式孕育了出来，因为当时我还在机构工作。只是在那个夜晚，我突然斗志爆发，按捺不住激动的心情，花了十分钟和50美元在网上注册了自己的公司。即便工作室尚未成形，但鼓起勇气走出的这一步，标志着我从心理上已经充分做好了从机构辞职、创办心理咨询工作室的准备。旷日持久的心理拉锯战随着"渴望冒险的我"的胜出，而终于画上了完美的句号。

接下来的几周里，我白天全职工作，晚上等小乔睡了之后，就全身心扑到创业生活里去。申请报税号、注册公司网址、制作商业计划和营销方案、撰写执业文书……其中每一步都是未知的，有好多新东西需要我去学习。有时的确会感到有点儿被压垮的感觉，但每往前走一步，我内心的恐惧感就会减弱一点点。都说未来的未知最容易让人感到害怕，但是知识就是力量，当我越来越了解我的目标，内心的恐惧感就越来越少了，剩下的只有满满的动力、干劲和对未来的期待！

终于向机构正式提交辞职信后，我的内心非常激动，同时又无比平静和释然。在机构工作的最后六周里，我顺利完成了所有的交接任务。记得最后一天去机构上班时，心情非常复杂。一方面为马上要开启新生活而兴奋不已，另一方面却为即将要离开共事多年的团队而伤感难过。前一天我见完了最后一个来访者，写完了最后一份工作笔记。在离职当天整理来访者资料时，看着一个个熟悉的名字，脑海中飞速闪过和这些来访者在一起会面时的每个画面。即便已经过去很久了，我还是清楚地记得他们每个人的样子和故事。我会不由自主地想，现在的他们都怎么样了？那是一种深深的挂念。

午休时，我去不同的部门和大家道别，并给机构的同事们发了一封告别感谢邮件。我收到了无数封回复，每个人都和我分享了他们和我共事的美好回忆，并祝福我未来的职业之路顺利。这让我有一种大家庭的感觉。在机构工作这几年，我认识了很多好人，留下了很多美好的回忆。和他们道别时，心里真的感到非常难过和不舍。甚至面对我的主管时，也突然一下子念起了她的好。

吃午饭时，我打开我的午餐包，发现大乔竟然偷偷给我塞了一张纸条，上面写着："老婆，这是我近一段时间内最后一次给你做午餐包了（因为我不去上班以后，他就不用再给我带午饭了）。我相信你做的这个决定是正确的！无论创业之路有多艰难，我们俩一起努力！我和宝宝都爱你！"读完这张纸条后，我瞬间泪奔，百感交集。

当我终于抱着装有我所有办公用品的纸箱子最后一次走出机构大楼时，心里像是卸下了千斤重担。我扭头看了看身后的这座小楼，冲它挥了挥手。深呼一口气，我终于自由了……

那天晚上开车回到家后，我立刻冲进门抱起我的小乔，把她紧紧地搂在怀中。我心里默默对她说："为了宝宝和我们共同的家，妈妈一定会加油的。"

创业之路，我来了！

工作室正式成立

如果你以为我在辞职之后，就大踏步地走上了创业之路，那么你就错了。辞职之后，我先是过了几个月全职妈妈的生活，每天的行程就是陪小乔吃、陪小乔睡、陪小乔玩。以前的我绝对无法想象自己做全职妈妈的样子，因为那时的我觉得如果自己每天都跟孩子在一起，就算不被累死，可能也会被腻死。更何况，我一直都认为自己是一个职业女性，总感觉家庭和孩子是一种负担和累赘，会拖慢我前进的速度。

最初刚辞职之后，我每天都跟小乔绑在一起，起初的确感觉非常非常累，感慨带娃果然是个体力活。令人感到意外的是，我很快就习惯了这种生活，习惯了每天和小乔一起散步，和她一起自由地唱歌跳舞，教她一切适合她学习的技能，透过她的眼睛重新认识身边这个美丽的世界。再后来，我不但习惯了这样的生活，而且开始打心底里享受这样的生活。我可以随时看到小乔大大小小的变化和成长。她开心时，我跟着她一起哈哈大笑。她需要我时，我可以在第一时间出现在她身旁，满足她的各种需求。每当看到小小的她边喊妈妈、边伸出双手步履蹒跚地向我走来时，我就会光速迎上前去，一把把她紧紧抱在怀里。那个时候，真的感觉自己的心都要融化了。

　　和小乔高强度地度过的这段家庭时光，让我重新审视了我的人生。我发现我依然可以是一个职业女性，同时也可以是一个热爱家庭和孩子的女性，这两者是不矛盾的。以前我奋斗是为了自己，现在奋斗更多是为了我的孩子。这不仅仅是因为我要给她提供更好的生活，更重要的是为了给她做一个好榜样，让她看到她的妈妈是一个独立、有梦想的人，是一个勤奋努力、敢闯敢拼的人。希望她将来长大也可以大胆地做自己，去勇敢地追寻她的梦想。

　　我突然发现，家庭和孩子的存在不但没有拖慢我前进的速度，反而给了我更多前进的动力，也使我未来在职场上走的每一步都更加稳当。我真的很感恩自己可以在小乔小的时候有更多的时间陪伴她，这对我来说太重要了，因为没有什么比大乔小乔更重要了。小乔一天天飞速长大，也许趁我不注意，一眨眼，她就会长成一个大女孩了。所以，当她还愿意每天缠着我的时候，我一定要全身心地陪伴她。哪怕是她独立玩耍的时候，我都想在一旁静静地观察、记录，恨不得把每一帧她成长的影像都深深印刻在脑海里。

　　越是想多陪伴小乔，就越意识到独立执业的重要性。只有当我有了自己的心理咨询工作室，做了自己的老板时，我才能更加自由地支配我的时间，从而更好地陪伴家人。在那段时间里，我也跟身边的一些朋友和同事聊了天，一些人并不看好我独立执业，总觉得风险太大，胜算过低。我这个人很有意思，别人越觉得某件事做不成功时，我就越想去做那件事，想去证明其实它是可以成功的。一件事在别人眼里看上去越难，我做起来反而越有动力。这可能就是别人说的"死磕精神"。当然了，这件事必须是我感兴趣的。没兴趣的东西，怎么折腾都没兴趣；有兴趣的东西、打心底里真心执着的东西，不管再难再累，都想坚持到头看看到底会怎样。

两三个月后，我正式开始着手成立工作室的事情。白天我会全身心地陪小乔玩，晚上她睡了以后，我就开始进入工作状态。大乔最擅长做网站，没用几个星期，他就帮我把工作室的网站建立好了。加上我之前已经撰写好的执业文书，基本上开工作室的"软件"就已经齐全了。接下来，就是要找一个合适的办公室租下来，并进行装修，然后开始着手进行市场宣传。

正当我在按部就班地准备工作室的事情时，我和之前机构的三个同事聚了一次会。我们四个人之前在机构工作时，关系就非常要好，不但在工作时经常在一起吃午饭、说案子，私下还会约出来一起玩。聚会时，我耐心听她们吐槽机构的现状。这才知道，在我辞职之后，机构每况愈下，很多咨询师都坚持不住了，所以她们三个人目前都在考虑跳槽开工作室。我跟她们分享了我目前开工作室的进度，并鼓励她们勇敢跳槽。其中一个女孩灵机一动，提出了我们四个人合租一间商业用房、把四个工作室开在同一个屋檐下的主意，用来降低我们各自的商业成本。

这是一个我从来没有想到过的主意，突然感觉眼前一亮！我们四个人顺着这个主意继续聊下去。几个小时后，三下五除二，我们想出来了一个极其完美的方案！我们决定四个人分别拥有各自独立的公司，也就是说在法律和经济意义上来说，我们是四个独立的个体，自负盈亏。但是，从实体和宣传意义上来说，我们可以成为一个联合体。也就是说，我们可以一起找一家能容纳下四个办公室的商铺，大家在一起执业，平摊房租、水电费等，并一起分享资源。

2016年年末到2017年年初，我们马不停蹄地到处看商铺。终于，一两个月后，我们找到了一间四个人都非常心仪的商铺，共同商议后决定把它租下来为我们执业所用。这个商铺有一个非常宽敞的等候区域，可以用来给来访者当等候室。它还有四个办公室，可以分别作为我们四个人各自的办公室。除此以外，还有一个小型会议室，可以供我们做朋辈督导、团体治疗、职业培训等。另外，它还带有一个小厨房和卫生间。对这个阶段的我们来说，这个商铺简直完美地满足了我们的一切需求。

和房东签下租房协议的那一天，意味着我的工作室正式成立了。它不再只是法律上的一个存在，而是真真切切地在我的眼前。虽然那时的工作室里面还只是空空如也，但我已经深深爱上了它。拿到钥匙的第一天，我已经等不及挽起袖子大干一场了。连着几个周末，我们几个人分别来到工作室里刷墙、清扫，购置各自的办公家具和搬家，工作室大大小小的事情都是我们亲力亲为。这可谓是真真正正的白手起家、从头做起。

我们四个人商量着分工协作：我负责撰写文书，大乔负责重新为我们四个工作室的联合体设计并制作网站；B女孩负责修改和润色文书，她的老公负责设计工作室的商标和我们的名片；C女孩负责工作室的室内装修；D女孩和她的老公负责市场营销和宣传方面的工作。就这样，起初本来是一个非常烦琐复杂、让人望而却步的事情，现在经过分工协作，渐渐变得不那么让人害怕了。

从临床专业角度来讲，我们四个咨询师之间都有自己擅长和喜好的人群及专业方向。比如，B女孩擅长做夫妻治疗，C女孩擅长做家暴方面的心理治疗，D女孩喜欢和青少年和孩子在一起工作，而我的专长是情感创伤。虽然我们都见成年来访者，但因为偏向角度不同，所以平时还可以彼此给对方转介来访者，并继续像以前那样互相说案子，独立执业就不会那么孤独了。当大家可以做到资源共享时，简直是一种多赢的执业模式。

既然有分工协作，那么就有分工不均的时候。当时另外三个女孩依然在机构保持着全职工作的状态，只有在周末时才有空来料理工作室的事情。我是"无业游民"的状态，因此就有更多时间放在工作室上，有时也会答应帮她们做一些本来是归她们负责的东西。起初我也会抱怨，心想凭什么我要干这么多活儿呢？但是，换个角度来看，我既然干得多，那么学到的新东西也多。我在短短几个月里学到的东西，甚至比几年里学到的都要更多，而且横跨各种领域，比如文书撰写、网站设计和制作、编程、市场营销、室内装修、健康保险医疗体系、金融财会，我甚至学会了如何刷墙、换锁、安装家具和修厕所……

我坚信，能力这个东西，一旦学会了就永远是自己的，他人抢也抢不走。我相信我在任何时候学到的大大小小的技能，将来一定会使我受益。我获得的这些能力，就是我可以立足的根本，是我不可被替代的理由。即便短期内看不到结果，但相信长期一定能看到回报。

关关难过，关关过

　　创业之路的艰辛和崎岖难测，没有经历过的人是很难真正体会的。我以为我只要拿下这个难关，后面就会一马平川，但事实证明，事情根本没有我想得那么简单。整个过程非常考验一个人的毅力和耐心，我总会时不时感到受挫和沮丧，失去信心更是家常便饭，偶尔还会想要放弃。但是，转念一想，又觉得既然已经走了这么远，不见到头会感觉有点儿不甘心，所以就继续硬着头皮咬牙坚持下去。

　　每当我觉得自己已经艰辛到不行的时候，就会发生更加戏剧化的事，给原本已经乌云密布的天空再增添一丝黑暗的色彩。

　　记得有一天，我把小乔送到乔妈家后，开车到一家商店去买一个木质文件储藏柜。本来这件事是由另外一个女孩负责的，但是她肌肉拉伤了，另外两个女孩临时有事，于是就由我来负责。店员帮我把东西搬到车上后，我独自开回了工作室。下车后，才发现这个文件储藏柜是木质的，非常非常重，我一个人使尽浑身力气才把它从车里勉强拖进了工作室。

　　中午凑合吃完午饭后，本来打算处理一些文书工作，但是因为下周就要接受市里和火警大队的检查了，所以我想尽快把工作室装修的事情全部弄完，于是便开始自己尝试把这个文件储藏柜组装起来。在美国，这类家具都是需要自己组装的，本来以为会很容易，但没想到它的困难程度和耗时程度远远超出了我的意料。本身它就奇重无比，再加上我在干一件毫不擅长的事，中途无数次把手划破、把指甲磕到、把手指的肉挤到。不知不觉，四个小时过去了。

好不容易快要装好时，突然发现原装包裹里给的某种螺丝不够数，导致我无法给抽屉进行最后的固定，而且因为没带锤头，导致几个螺丝没法从文件柜的后面敲进去。无奈，只能选择草草收场。当时已经晚上七点多了。我把工作室全部收拾好后，用吸尘器把地清理干净，垃圾倒掉，准备最后检查一下，然后回家。

就在这时，我突然听到走廊尽头厕所方向传来水声。因为当时全楼只剩我一个人了，所以楼道灯都是关着的，我真的彻底理解了"伸手不见五指"是什么感觉，那黑得简直是什么都看不到。我摸着黑慢慢地往厕所方向摸过去，突然感觉脚下有水，越往里走感觉水越多，走廊尽头的地毯已经全部被水浸湿了！我脑子"嗡"地一下，意识到一定是某个厕所发生了问题，导致水泄漏了。眼看着水就要流进我们的工作室，天啊，我们的工作室可是刚刚装修的啊！

当时已经忙了一天，本来已经筋疲力尽的我立马打起十二分精神。首先，我把这个紧急情况汇报给我们几个人的群聊群。紧接着，我赶快打电话给房东，但是房东已经下班了，没人接电话。然后，我又赶快给这栋大楼的保安打电话，竟然也没人接！大家在群里你一言我一语远程出主意的时候，我怕水一旦流进来会弄坏我们的家具，于是赶快把等候室所有的家具都移到了靠里边的办公室，并把地上所有的插线板拿离地面，把冰箱搬到了离门最远的地方。已经精疲力竭的我，也不知道哪里突然来了那么大的力气。

之后，一个女孩终于从合同里找到了维修工的电话，把号码发给了我。我赶快给维修工打电话，但是他说现在已晚，他没法临时赶过来，只能在电话上指导我该怎么做。他告诉我要进到厕所里把水阀关掉。我因为对大楼里的结构不了解，踏着水进到厕所里，找了半天才找到水阀在哪里。当时厕所里已经到处都是水了，而且更多的水正在哗哗不断地从厕所里涌出来。维修工在电话上指导我如何操作水阀，我使劲拧了好久但根本拧不动，它依然纹丝不动。

当时的我，已经整整忙碌了一天，搬运和组装文件柜时已经累得我浑身酸痛，手指上全是水泡，真的一点儿都拧不动水阀了。我问维修工厕所或储藏室里是否有工具可以用，因为我感觉凭借我个人的力量，在不借用工具的情况下是完全拧不动的。但是，维修工在电话上反复催促我说，不需要工具，只要用双手拧就行。我当时已经心急如焚，真的很担心越来越多的水最终会漫进我们辛辛苦苦装修的工作室，造成巨大的财产损失。

于是，我顾不了那么多了，把手机放好，双膝跪在水里，双手一起抓稳水阀，拼了老命使出吃奶的力气去拧水阀。每拧一次，双手就感到扎疼，但是也别无选择，只能继续拼命拧。不知道用了多久的力气，好不容易才拧动了。水总算是停了……

终于离开工作室的时候，已经是晚上八点了。我真的已经精疲力竭了。除了这个词，我也找不到更好的形容词了。我一个人开在高速公路上，双手都不敢用力扶方向盘，只要被轻轻触碰到，双手的皮肤就生疼。想到刚才发生的一切，以及创业以来内心积蓄的各种压力，情绪突然像洪水猛兽一样喷涌而出，眼泪开始止不住地往外流，就像刚才厕所里的水一样。我要是也有一个阀门该多好……

现在回想起来，我也不太确定当时为什么哭了起来，而且哭得那么惨。也许是因为其他三个女孩当时都有全职工作，开工作室对她们来说只是额外收入而已。但是，对我来说，我的工作室就是我的全部，我把它当成我的孩子一样看待，全身心百分之百地投入在上面。它必须得成功，如果不成功，我岂不是要喝西北风？我的孩子还依靠着我呢！

这，就是目的性颤抖——越想做成一件事，就会越在乎它；内心越在乎，就越会感到紧张和焦虑，越无法轻松坦然地面对各种结果。

终于回到家后，已经是晚上八点半了。大乔已经去楼上哄睡小乔了，我连他俩的面都没见上。发现厨房餐桌上有一张纸条，上面写着："亲爱的，你的晚饭在微波炉里，热一下就可以吃了。"看到这里，眼泪又一次决堤而下。

我这才意识到，创业的艰辛真的不单单是身体上的，更多的是精神上的。不知不觉中，我又已经好久没有休息过了。以前当打工一族的时候，至少还有个下班时间。现在自己当了老板，只要是平时不看小乔的时候，我想着的、做着的基本全都是工作。

我知道，在我的面前有一个很大很高的坡要爬，有很多创业之课和人生之课需要学习。我不会放弃，但是我需要休息一下。休息过后，我必须要摸索出来如何平衡工作和生活。关关难过，关关过。明天起来，我又是一条好汉。

心理咨询室的空沙发

工作室开业之前的那个星期，是最繁忙的一段日子。每天只要一睁眼，都有无数件大大小小杂七杂八的事情需要处理。虽然还没有正式开始"上班"，但是感觉却比上班要忙一百倍。开公司银行账号、找会计师、买商业保险、买执照保险、精修执业文书，跟保险公司来来回回地联系，无数个邮件、电话、传真，电话打着打着莫名其妙就断了，只能重新打过去，重新陈述我的诉求，最后还要精修网站内容、申请营业执照……

虽然有的事情的确小得掉渣，但还是要求自己尽全力去完美地完成它。就像之前说的，我已经把这个工作室当成了我的"二娃"。虽然在现实生活中，我是有退路的，如果工作室经营不下去，大不了再去找一份工作。但是，在我的理想国度里，这一步只要迈出去就无路可退了。要么不做，要做就要做好、做精、做大。当我不给自己任何退路时，我才会有一种破釜沉舟的干劲。此时的我，就强烈感受到了这样一股干劲。

现在回想起来，当时具体每天都在忙些什么，细节已经记不太清了。但是当下繁忙的感觉，依然记忆犹新。当时每天都觉得只要能抽出时间吃口饭都是一种幸福。大乔跟着我一起忙，连续几个晚上都抽时间帮我重新调整工作室的网站，终于，在正式营业之前网站按时顺利上线了。

一周之后，工作室顺利通过了当地火警大队和市政府的考核检查，我正式拿到了营业执照！营业执照拿到手时，那种感觉非常不真实。我看着它，心生感慨。成立属于我个人的心理咨询工作室是一件我梦想了多年的事情，从以前完全想都不敢想，到后来开始做"白日梦"，再到付出实际行动、努力把"白日梦"变成现实，直到最后的梦想成真，个中的辛酸和快乐难以言表。

创业真的是一件无比有挑战性的事情，它不但挑战我的专业水平，更挑战我的耐心、毅力、魄力和胆识等。我不敢相信在自己的努力下，现在工作室真的开成了！我看着工作室里的每一个角落，都感觉等不及想要和我未来的来访者一起分享，等不及在这个温暖、安全和放松的空间里，再次有幸可以陪伴不同的人走上他们治愈内心的旅程。这一次，我终于可以不用太在乎那些数字；这一次，我可以全身心地投入，把全部注意力放在我的来访者身上。

那个时候，其他三个女生都还在机构工作，她们的计划是全职在机构工作，兼职做她们的工作室。等工作室的客源慢慢稳定后，再逐渐减少在机构的工作时间，直到可以从机构辞职为止。因此，在工作室正式开始营业后，我独自一人经历了有史以来最让人感到煎熬的等待期。

我现在依然清晰地记得，那时我一个来访者都没有，大多数时候依然还是在家里带小乔，偶尔会来工作室做一些文案整理工作。每当一个人在空落落的办公室时，就会盯着面前的空沙发发呆。那段时间，我每一天、每一小时、每一分钟，都在心里焦急地想，到底什么时候才会有人来找我做心理咨询呢？为什么还没有人给我打电话或写邮件？我这个工作室到底能开下去吗？

那个时候，我经常抱着计算器，反复计算我创业以来累计的开销。尤其是房租，奇贵无比，即便是四个女生平分，也不是一笔小数目。而现在，我一天天花着房租、网费和水电气暖费，却没有任何收入。那个时候，我已经有半年时间没有赚过一分钱了，眼看着银行账户里的存款越来越少，我变得越来越动摇。我开始想，自己是不是也应该出去找份工作，起码先赚点儿钱再说？用一份工作来养着我的工作室，这样会不会更保险一些？

我每天守着电脑和手机，生怕错过任何一个要联系我的来访者。只要电话一响，无论什么时候，无论我在做什么，我都会立马从凳子上跳起来去接。很多次看到陌生来电时，我都欣喜若狂地以为是来访者的电话，但很多次都是垃圾来电。其他的时间里，我全神贯注地盯着手机，希望它能快快响，但它就是毫无动静。那种感觉难受极了，好像再也看不到光明和希望了。很多个瞬间，我都觉得也许放弃会更容易一些。

很多人都问我，我一路走来，好像一直很鸡血，是否曾经想到过放弃自己的梦想。我的答案是，当然想过。尤其在创业初期时，几乎每天都想至少一次。

但是，每当我想要放弃的时候，就会冷静地问自己：我真的已经尽力了吗？

每当我面对着工作室的空沙发，纳闷为什么没有来访者找我的时候，我就会问自己这个问题。当我认真考虑后，我发现答案是否定

216

的。我还没有尽全力，还有很多事情是我可以去做的，还有很多东西可以去冒险尝试。只要有一些事情是我还没有尝试过的，我就不能轻言放弃。我不希望自己在日后回忆当年时，突然冒出一个念头："当年如果我再坚持一下，会不会后来结果就不同了？"我很害怕由于自己没有尽全力，导致不知道尝试的结果而悔恨一生。

因此，在我还能尝试的时候，我要珍惜每一次机会，把脑中能想到的办法全部探索一遍。等全部都尝试过后，若是还不行，我至少可以坦然地对自己说："我真的尽力了，也许我就根本不是创业的料。"

想到这里，我便告诉自己停止对未来的担忧，开始着手眼下自己可以控制的部分。我重新考量了市场营销的方案，发现其实目前已经做的宣传工作非常有限。也就是说，也许我至今都没有来访者的原因，并不是我不够好，而是大多数人根本还不知道我的工作室的存在。我目前的关注点应该放在市场营销上。

这下好了，和每天面对着空沙发干等比起来，我终于又有事可做了。我在网上做了很多调研，在某一篇文章里看到了一句话，作者说在私人执业的初期，一个咨询师每天在市场营销上所花的小时数，应该等同于自己每天所见的来访者的数量。也就是说，如果我打算每天见五个来访者的话，那么我每天花在市场营销上的时间就应该是五个小时。看到这里，我顿时感到懊悔无比，自己竟然盯着空沙发整整一个星期，在干等的过程中浪费了宝贵的宣传时间。感到懊悔是可以理解的，现在既然已经意识到了，就得马不停蹄地干起来！我不能空等着来访者来找我，我要踏出自己的舒适区，积极主动出去宣传，让更多人认识我们和我们提供的服务！

　　我召集其他三个女生一起开了一次会，跟大家分享了目前工作室零客源的现状，以及对营销工作的需求。我们四个人你一言我一语，很快就想出了很多营销方面的好主意。我们共同撰写了一封给其他医疗机构和医护人员的信，向他们介绍我们的工作室。我和大乔又夜以继日地一起设计并制作了工作室的小册子和传单，我负责文案，他负责排版，拿到成品后就立刻寄给了很多以前的同事。之后，又在一些不同的心理咨询服务网站注册并发布了自己的档案。我甚至硬着头皮给一些陌生机构打电话进行自我介绍，中间不知道多少次被对方挂断电话。我还曾拿着机构的小册子和名片去一些大医院投放，还把自己的中文名片悄悄贴在当地的中国超市的公告栏里。

　　在这个过程中，经历了很多拒绝，但更多的是石沉大海，杳无音信，就像当初找工作投简历一样。我鼓起勇气尝试了很久，但电话还是非常安静，邮箱里也依然是空空如也。这到底是为什么呢？为什么还是没有人给我打电话做心理咨询？我已经做了这么多宣传工作了，难道还要继续做下去吗？到底什么时候才是个头？在用心努力过后，我又一次坐在冷清的工作室里，面对着那个已经被我看腻的空沙发，有史以来第一次深深地怀疑自己做的决定是否正确……

　　突然有一天，我的电话响了！是一家保险公司打来的，说他们正在为一个用户寻找心理咨询师，问我现在是否可以接收新的来访者。我激动！手抖！心颤！连着说了五个"YES"！挂掉电话后，我难掩激动的心情，跑回屋里抱起小乔转了N圈，边转圈边激动地大喊道："小乔乔，妈妈又有工作了！妈妈又可以开始做治疗了！"

　　这是多么值得纪念的一件事，我迎来了个人工作室开业以来的第一个来访者。看着之前空空如也的日程表终于被标注了第一个会面上去，我忍不住乐开了花。

就这样，我等啊，等啊，终于等来了会面的那一天。我穿着自己最拿得出手的职业装，一大早就来到工作室准备。我把所有的屋子都打扫一新，即便它根本就没那么脏。我点了薰衣草的熏香，使整个工作室的味道闻起来非常清新放松。我准备好了所有新来访者需要用到的用户服务协议文书，规整地摆在等候室的桌子上，还反复试用签文书的笔，保证一切细节准确无误。

会面约在上午十一点，随着时间越来越近，我心里开始变得越来越紧张。虽然我已经不再是一个新手咨询师了，但我依然因为这是我工作室接待的第一个来访者而害怕自己搞砸了。在等待的过程中，我开始幻想：如果这个来访者做好了，也许她会把我介绍给更多她身边的亲戚朋友，说不定我会通过口口相传而得到更多的客源，那就实在太好了。

边做白日梦，边兴奋地查看时间。十一点终于到了！我按捺不住激动的心情，走到等候室，发现那里并没有人。往窗外望去，发现停车场里也没有车。只好走回自己的办公室，继续等待。过了大概五分钟，仿佛听到外面有声响，我赶快又走到等候室，失望地发现还是没人来。我心想，也许是路上堵车了，可能她会晚一些到，于是又回到了自己的办公室。又过了五分钟，再次走到等候室，依然空空如也，外面的停车场也是如此。我的情绪开始变得有些焦急，干脆坐在等候室等她。我一方面想要继续等下去，但内心深处有一种不祥的感觉，那就是来访者可能会爽约。

果不其然，那天，光顾工作室的人依然只有我一个，工作室接到的第一个来访者并没有出现。我在短短几天内，体验了失望、期望和又一次深深的失望，心情像过山车一样高低不定。但是，又有什么办法呢？我只能继续去做我能做的宣传工作。

　　将近三个星期过去了，我真的有些等不及了。准确地说，我已经没有资本再继续等下去了，没有资本继续去追逐梦想了，我不得不说服自己要从现实考量。于是，我又拿起计算器，看着银行里所剩无几的存款，开始硬着头皮给自己算一笔账。账算完后，我在内心深处给自己定了一个截止日期。我告诉自己，如果在这个截止日期之前，我依然达不到预期收入的话，就真得出去找一份工作了。那个时候，心里那个梦想家的我已经做好了向现实低头认输的准备，但好像在情绪上并没有那么受挫，因为毕竟当时我真的已经尽力了。如果有任何我还可以做的事情，我会毫不犹豫地撸起袖子继续做下去。但是，我真的已经尽力了。

　　眼看着距离我内心的截止日期越来越近，我甚至已经开始重新修改简历，准备继续开启打工的日子。正在马上就要放弃的时候，我的电话终于出乎意料地响了起来……

　　那是我听到过的最悦耳动听的电话铃声。

　　它代表着希望。

走出舒适区，迎接收获

自从在个人心理咨询工作室里成功接诊了第一位来访者，随着时间的推移，我之前做的所有宣传工作都开始有所回报了。渐渐地，我收到了越来越多的来访者问询。一个月后，所有的时间空当已经全部约满了。

从最初的空沙发，到后来因为档期过满而暂不接收新来访，大概用了一个多月的时间。工作室渐渐走上正轨，我才终于体会到了自己创业的快乐和自由。我可以去选择合适的来访者，并按照自己和来访者共同制订的治疗方案去工作，真正做到以来访者为中心，而不用担心"领导"对"业绩"的考核要求，或勉强因为任何外在的硬性因素而工作。我有了对治疗进程和方式的自主权，也有了更多时间可以去深造和学习。我不用再去担心考核业绩，只需要努力让自己变成一个更好的心理咨询师。

当我走出自己的舒适区，去学习新的东西时，就会再一次深刻意识到自己的无知和不足。于是，静下心来读专业书，学习新知识，在第二天的临床实践里马上尝试新学到的技巧，看到效果，然后继续完善，这简直是一个太令人激动、欣喜和期待的过程。突然感觉，找到一个喜欢的专业方向，然后在这个方向里继续钻研下去，越来越深入，发现越来越多的论文、书和培训可以让自己更充实，获得更新的知识和技巧，这简直就是全世界最幸福的事情之一！比起以前在机构工作时，每天忙到四脚朝天，连喝水的时间都没有，周而复始只是机械地重复做着那么几件事，忙，但是心里却不踏实。在自己的工作室里工作也忙，但心里很踏实，因为自己在变得更好，在进步，在更新。想到这里，真的由衷地感谢当初的自己勇敢地做了这个决定，并且坚持了下来。

又过了几个月，我手头的来访者都有了多多少少的进步，我听到越来越多的人和我分享他们开始心理咨询以来的成效。记得有一天，一位经常拄着拐杖来见我的来访者，突然没带拐杖就来了。我好奇地问他拐杖哪里去了。他跟我分享说，近几周他明显感到心情变轻松了，身体上的疼痛也减缓了，于是就不用再依靠拐杖了。我惊诧地问他是什么带来了这样的改善？他说："是你。"我大笑，以为他在开玩笑，但他却认真地说："真的是你。在见你之前，我的情况很糟糕，情绪低落，自尊心极低，内心敏感，感觉全世界都针对我、遗弃我，我感到很愤怒。但是自从开始做心理咨询以后，和你的对话帮我打开了看待世界的新角度，我感觉自己好像重活了一次似的。虽然未来还有很多问题需要解决，但我真切地感觉自己已经走上了正轨，我能真切地体会到我在改变。我觉得我仿佛正在从藏身的硬壳中爬出来，慢慢开始勇敢地去面对一些我以前不敢面对的事情。我真的要好好感谢你！"

还有一次，我的另外一个来访者进到咨询室后，非常神秘地让我闭上眼睛，说她有一个惊喜送给我。当我睁开眼睛时，看到她双手捧着一个浅粉色的纸杯，里面有一个橘色的东西。我惊讶地问她这是什么。她告诉我说，最初刚来找我做心理治疗时，她是一个对万事万物都有严格高要求的人，一切必须尽善尽美，是典型的完美主义者。任何事只要不如意，她就会无比失落和自责，觉得自己做得不够好。这样的思维模式在几十年的人生里，给她带来了无尽的内心折磨和焦虑情绪。她开始做心理治疗后，开始学习如何以自我关怀和包容的角度看问题，而不是以极端苛责的角度看问题。

种植植物是她的一个个人爱好，但她曾无数次因为植物不够好看、数目不够多、颜色不够艳而焦虑不堪，甚至把自己的小花园砸了个稀巴烂。

然而这一次，她种植了一排橘色的小番茄，可惜最近天气不好，极度炎热，导致很多都死掉了，这一批只活下来了两个。她对我说，要是过去的她，肯定会因此自责很久，但是她惊奇地发现，现在的她竟然可以和自己说："这有什么关系，即便很多都死掉了，但是至少还活了两个，明年还会有机会重新尝试。"这样的想法要是放在几个月前，是完全不可能的。

她捧着这个橘色的小番茄，跟我说："这就是存活下来的两个中的一个，我第一个就想到了你。你教会了我这么多，所以我想把它作为礼物赠送给你。礼物虽小，但是我相信你明白它的含义。"

我听了过后，顿时感觉一股暖流涌入了心里。

她还跟我分享道，种植番茄只是她观察到的改变之一。这几个月来，她渐渐发现她对他人的苛责更少了，理解更多了，对自己也更加包容了。焦虑感大大降低，之前由于焦虑导致的头痛感竟然也减缓了许多。

我小心翼翼地捧着这个可爱的小番茄，生怕把它摔坏了。因为它总有腐烂的一天，所以我给它拍了照，挂在我办公室的墙上，作为一个永久的美好回忆。

这就是我的工作的意义所在，以及我热爱这份事业的原因。我可以有幸参与到不同人的人生中，并见证他们的成长和蜕变，真的觉得再辛苦都是值得的。

在接下来的几个月里，工作室的客源越来越多，其他三个女生也都各自做得非常棒。她们陆续从机构辞了职，我们真正成了"四剑客"，开始在同一个屋檐下为自己的工作室奋斗。

一年过后，为了满足未来的发展趋势，我们一起搬到了一个更大的工作空间。搬家的过程又是各种辛劳，但是因为有了之前的经验，所以这次就可以更自如地去应对一切了。

自己做自己的老板有另外一个非常大的好处，那就是我可以自由地支配自己的工作时间，可以有更多的时间去陪伴家人。记得以前在机构全职工作的时候，我无奈地错过了小乔生命中很多重要的时刻。因此，自从我开始创业以来，我就在心里承诺，以后一定要尽量多抽时间陪伴小乔。所以，我当时为自己定的工作时间是每周一、三、五工作，每周二、四两天以及周末全部都在家陪小乔。后来小乔上了幼儿园，我又重新调整了工作时间，保证自己每天都可以按时去幼儿园接她回家。

至此，我多年以来的职业目标真的实现了，现在回想起来都依然像做梦一般。那些以前看来像是人生旅程中的沟壑的经历，现在想来感觉都是用来历练我的胆量、耐心和能力的。每当我跨过一道沟壑后，就能看到一番以前想都没想过的别样风景！为此，我感谢沟壑，感谢苦难！

成长三论

自从来到美国留学后，总会有亲戚朋友问我，到底是中国好还是美国好，国外的月亮是不是真的比国内的圆。实话实说，我觉得这是一个无从答起的问题，因为根本没有一刀切的答案，更没法简单地用"好"与"坏"对双方进行评价。

对我来说，中国是我的家乡，是我出生成长的地方，她的文化历史等一切都深深烙印在我的心里。无论走到哪里，无论她是否完美，她都是一个我永远牵挂的地方，我的心情会跟着她的好坏时起时落。血浓于水，这是谁都无法改变的道理。而美国是我的第二故乡，是我实现梦想的地方，是我组建家庭的地方，是让我作为一个人变得更为豁达和成熟的地方。她让我重新认识了世界，重新认识了自己。因此，两个国家各具特色，对我个人而言意义也完全不同，根本无法进行硬性比较。

我一直都觉得，草率武断、以偏概全地评断事物的好坏，都会显得有失偏颇。

走下去，便是前程万里

在国内生活觉得辛苦的人，有时会想要举家移民国外，认为国外的生活一定是一片敞亮。实际上，现实并非如此。我在本书中没有选择侧重描写美国社会的消极面，不是因为它不存在，而是因为大众可能已经在媒体上对这方面有了一定的认识。

事实上，一些美国人的生活的确像好莱坞电影里描写得那般疯狂，虽然这只是社会中很小的一部分群体。校园枪击案、不合理的医疗体系、毒品泛滥、种族歧视等诸多社会问题，也都会令美国的民众担心。在这样的社会环境下，美国人的生活并不是绝对的好，也并不像我们想象中的那样轻松愉快。有时，他们可能会比我们更拼命更劳累，但幸运的是，大多数人都有足够的自由去选择自己喜欢的生活方式和爱好兴趣。因此，在劳累的同时，他们也享受着做事的快乐。

对于来到这里的移民或留学生来说，由于语言和文化障碍，一些本就不易的事情就会显得更为困难。但幸运的是，只要能在起初最困难的阶段咬牙坚持下来，当你适应了这里的环境后，可能的确会生活得相对舒适一些。最初我刚来美国时，也过了一段看不到未来的生活，每天只顾得上想着该如何把当天的任务做完。不过，在我终于克服掉语言、文化、学业和求职方面的种种困难后，现在的生活让我觉得当初的所有付出都是值得的。实际上，无论你在哪里，只要打算靠自己，就没有一天是可以歇息下来的。国内有国内的不易，国外有国外的辛苦。在困难面前，哪里都是一样的，只不过面对的具体困难不同罢了。

除去困难以外，对两个国家生活的评价，就是一件仁者见仁智者见智的事了。实际上，无论你选择哪里，都像是选择了一种生活方式。不同的生活方式之间本就无所谓好坏，只有适合不适合。某种生活方式是否适合你，只有你自己才知道，就好比鞋是否舒服，只有脚才知道一样。选择一种自己喜欢且相对来说更适合自己的生活方式，然后扎下根去。在这个过程中会很辛苦，会有不完美，但既然是自己的选择，相信你一定能更坦然地看待这一路上的种种风景。因此，谁的月亮都不比谁更圆，只有你心里喜欢的那轮明月才最圆最耀眼。

论适应

我对于异国生活的适应，是一个"死而复生"的过程。像我从前说的，一棵在中国生根发芽的小树，突然被连根拔起，移植到了一片陌生的土壤中。要想在这样的异质环境中存活下去，任何植物都得经历一番痛苦的适应过程，无论它之前有多么繁茂。

对我来说，适应过程中最大的障碍就是语言。即便我是英语专业出身，即便我的托福口语考了28分，即便我听译过很多美国电影，但刚到美国时，我还是因为无法适应这里的语言环境而消极生活了很久。原因很简单，我们用来衡量个人英语水平的考试与真实的美国生活之间的差距实在太大了。

因此，如果之前肚子里没墨水，就必然得在新环境中经历痛苦又漫长的注水过程；如果肚子里有墨水，那也一定会因为文化冲击和心态作祟而经历一段倒不出水的过程。

适应语言，首先要从改变认知开始。你一定要知道：第一，无论英语水平如何，你一定会像其他人一样遇到一个很大的语言坎。在适应语言方面，对于土生土长的中国人来说，那种零障碍无压力完美对接的情况基本是不存在的，因此要提前做好心理准备。第二，不要以为待在这个环境中，语言就会自动进步。你如果不去主动练习，语言水平不但不会进步，反而会退步。因此，一定要勇敢地拿出屡败屡战不断尝试的决心去攻克这个难关。

懂得了适应语言这个过程的本质其实就是不断摔跤、再不断爬起来之后，第二步就是去主动摔跤，即主动把自己暴露在全英文的环境中，并有意识地去反复练习。无论你找谁——班上的老师同学，或是咖啡店的帅小伙，或是菜市场的卖菜大妈，或是电信公司的客服代表——你必须主动和他们练习说英语。不管你和他们聊天气也好，谈文化也罢，哪怕是跟他们砍价，都是能帮你提高口语的好方法。实际上，只要你有练好英语的决心，总会找到适合你的路。

除了语言之外，适应过程中的第二大障碍就是学会如何独立生活。说实话，虽然在国内上学时我很早就过上了住校生活，但当时我的独立能力其实并不强。平时饿了就吃食堂，衣服脏了就拿回家给妈妈洗。来到美国以后，我才有史以来第一次过上了完全独立的生活，并要为生活里的每件大事小事做决定。

起初真的很不适应，我觉得上课、写论文、兼职、实习四手抓四手都要硬的生活已经够艰难了，根本没有额外的精力去考虑如何料理好自己的生活。因此，最初的一段时间，我的生活十分混乱，吃饭总是有一顿没一顿地凑合着，冰冷的西餐总是吃得我胃疼，而自己又没有足够的资金天天去饭馆吃中餐。逼不得已的情况下，我才开始学习做饭。那种明知很难吃却还是吃得很开心的日子，现在想起来依然无比怀念。渐渐地，我习惯了独立的生活。临近毕业时，生活已经完全摸出了规律，不仅在学业上游刃有余，厨艺也进步了不少。更夸张的是，我还逼着自己学会了给汽车换轮胎、换机油，真正过上了"女汉子"般的生活。

然而，当我终于克服了语言关，同时也彻底独立之后，有时还是会感觉自己与周围的一切格格不入。因此，"我到底该如何融入外国社会"便成了一个长久困扰我的话题，它可能也是我曾经久久无法彻底适应这里生活的根源。

说实话，起初我为了融入这个社会，总会有意无意地去迎合身边的美国人。比如，在言行举止上我会刻意模仿他们的样子，谈话时我会试图挑些对方感兴趣的话题。我以为，只有变成他们那样，我才能够被他们接受。但是，这样尝试的结果可想而知——我本来就和他们不一样，却非要生硬地模仿和照搬他们，这无异于东施效颦、邯郸学步，不但出糗的往往是自己，还让内心觉得无比纠结。

这个让我头疼已久的问题在我工作后才得到了彻底的解决。那时，之前旧机构的IT部门有一个名叫John的老爷爷。他在机构做兼职的同时，还运营着自己的私人公司。他的公司在中国有很多业务，因此常年来往于中美两国之间。我刚入职的第一周，他就向我热情地介绍自己。很显然，他对有关中国的一切都感兴趣极了——上到中国文化和经济发展，下到中国老百姓的衣食住行，他总是有问不完的问题。别的东西我可能不太懂，但要是聊起中国的话，在这个机构里，还有谁会比我这个土生土长的中国姑娘更有发言权呢？因此，我和John结成了好朋友，每次在机构里碰到他，两人一定会站在墙角聊很久。

John告诉我，很多美国人都对中国十分感兴趣，非常渴望能对她的人民、文化、历史等一切有更加深入的了解。渐渐地，我成了机构里的"文化使者"，大家总会在休息的时候凑过来和我聊天，而每次聊天时都会聊到中国。我会为他们介绍中国发展的新面貌，消除他们心中的疑虑或媒体带来的偏见，客观地告诉他们真实的中国是怎样的。同事们总是因为从我这里了解到了更多关于中国的趣事而感到满足，我也因此而觉得骄傲和自豪。

久而久之，我发现其实我根本不用为了融入对方而刻意改变自己。如果非要强迫自己变成对方那样，即便能融入他们，对方可能也不会真正打心底里去尊重你。相反，当我真正勇敢地做自己，自然地展现自己最真实的一面时，反而会吸引来很多朋友。原来，我有别于他人的一面，才是可以让我立足的一点。

"我到底该如何适应当地的生活"是每一个刚到异地的人都会思考的问题。

其实，相比一个结果来说，"适应"更关乎的是一个过程。在这个过程中，当你已经几乎快要忘掉"适应"这个概念，而把更多的精力放在一天又一天的生活中时，那么你基本就适应得差不多了。

其实，一个人的一生，就是从无到有、再从有到无，从稚嫩到成熟、再从复杂到简单的过程。在这个过程中，你会失去一些以前觉得宝贵的东西，但也会得到一些现在认为更宝贵的东西。

经过一轮又一轮的磨炼和挫折，我们慢慢成长为成熟的人，成长为可以独立做决断做选择的人，并会为自己一个又一个的抉择收获成果或付出代价。

要记住，付出多少努力，就会收获多少回报，这是我永远都坚信的真理。从这个角度来看，虽然异国生活辛苦无比，但是我在整个适应过程中付出的一切，现在看来都是值得的。

论比较

生活是自己的，与他人无关。

这是我奋斗十多年得到的另一个感悟。

其实我小时候是一个特别爱和别人较劲，而且总是把输赢看得很重的人。那时候，我总希望自己弹琴弹得比其他人都好，运动会接力赛永远都能跑第一，就连玩电子游戏都要试图把每款游戏的成绩打到排行榜的第一名。可是，那时的较劲，并不是希望自己做得更好，而只是单纯地想要赢而已。来了国外后，这个毛病还是会间歇性地发作，每当发现自己从各个角度和层次都不如身边的美国同学或同事时，就会感到无比自卑，信心全无。

后来，随着时间的流逝，这个缺点在不知不觉中开始慢慢消退，我想这可能是跟一个人的年龄有关吧。年龄越大，就越会意识到生命的短暂和宝贵。每当我发现自己竟然把很多宝贵的时间浪费在与不熟识的人的比较上面，就会觉得自己很可笑。更重要的是，当我知道自己比别人好的时候，除了满足了看不见摸不着的虚荣心外，对自身其实没有任何实质改变。而当我知道自己比别人差的时候，其实也只是给自己徒增烦恼而已。这么看来，与他人的盲目比较根本就是一件有百害而无一利的事情。

尽管从某种程度来说，比较可能会给自己增添一些动力，经常看看身边优秀的人，可以见贤思齐。可是，现在的我觉得，真正有意义的比较是拿自己和自己比，拿今天的我和昨天的我比。如果每一个今天的自己都能比昨天的自己进步一点点，那么长久下来，我就已经从原点迈出去很多步了。这就好比爱情一样——真正美好的爱情并不仅仅是"我爱你，你爱我"的那些甜言蜜语，而是你打心眼里愿意为对方变成一个更好的你。那种改变，不是机械地将自己变成对方喜欢的样子，而是在不改变自己本真的基础上，升级为更好的你自己，升级成你自己的2.0版本。爱情如此，人生也是如此。

杨绛先生曾经说，人生最曼妙的风景，是内心的淡定与从容。现在的我才稍微有些明白这句话的道理。其实，人生根本没什么好比的，因为它本身就不是一场你和他人的竞争，而是一次只属于自己一个人的旅程。从来没有人规定几岁的时候应该做什么，或人生应该按照怎样的步调去行走。世上也根本没有所谓"正确的生活方式"，别人的生活方式看上去就算再甜蜜，也不一定就会适合你。只有你自己喜欢的或适合你的方式，才是正确的生活方式。

因此，现在的我慢慢学会忘记主动或被动地与他人攀比，把更多的精力放在自己身上，找寻自己的爱好，尊重自己选择的生活，并看看自己如何能进一步完善和拓展自己。我相信，只要我选择适合我的人生道路，并一直不停步地走下去，那么早晚有一天会看到终点的。这一路上，我会不停地提醒自己：这不是两个人的竞赛，这只是我一个人的人生。

论运气

刚来美国的那段日子，我觉得我是全世界最倒霉的人。无论我选什么课，总能碰巧遇到十分严苛的美国教授。无论我坐在哪里，身旁总碰巧坐着看上去很冷漠的美国同学。有时候，就连走在街上，都会倒霉地碰到迎面扑上来的狗追着我叫。总之，我觉得我的运气差极了，好像我根本不用再去尝试什么了，因为无论我做什么都无法改变霉运缠身的事实。于是，那段时间里，"运气"这个词占据着我的整个大脑，我以为想办法转运才是当下的当务之急。可是，等待了很久，幸运女神依然没有眷顾我。

于是，我开始想，世上到底有没有所谓的运气？如果有的话，运气到底是什么？

奋斗了很久之后，现在的我已经不相信什么运气之说了。这是有原因的。我觉得人类的安全感大多来源于自己对自己、他人和外界的掌控——如果一件事在你的掌控之中，你就会觉得特别踏实，心里有底；相反，如果它超出了你的掌控和预测，心里就容易感到慌张和焦虑。

这个时候，人们潜意识里最自然的心理反应就是为自己找寻开脱的借口。于是，"运气"一说应运而生！只要心里默念"嗯，这次是我运气不好"或"这次他是撞大运了才导致我没得到这个机会"，那么自己心里立刻会感觉舒服许多。是啊，运气这个东西来无影去无踪，完全是不可控的。既然它不在你的掌控范围内，你也就没什么责任了。既然自己无论如何都没法改变运气这个玄乎的东西，人们自然也不用因此感到自责和内疚了。

所以，消极的人总喜欢将自己和他人的命运全部归咎于运气，觉得自己在命运之神面前十分渺小和无力。每当发生状况时，他们就会把这件事的消极意义无限放大，并进而推断自己在未来很长一段时间内都会如此倒霉。命运的玄妙就在于，如果你一直认为自己处于受害者的位置，那么事情往往多半会朝你预计的方向继续恶化下去。并不是因为你是魔术师，可以操纵事物的发展，而是因为你的思维决定一切。你如何看待自己，你就会成为什么样的人。

相反，积极主动的人很少会在做事情时想到运气这个概念。他们每天只是踏实地做事，即便失败了，也会积极找寻导致失败的原因，并迅速做出改变。就这样，走路，摔倒，研究为什么会摔倒，然后勇敢地站起来继续向前走，重复无数遍。最后的结局，多半是他们一次又一次做成了他们想做的事。在别人看来，他们是多么幸运啊。可是，你却没有看到他们在摔倒的时候依然挣扎着爬起来重新上路的样子。他们最后能成功，只是因为他们比别人尝试过更多次、坚持得更久而已。次数多了，成功的概率自然就更大。

这样看来，运气可能是一个跟概率有关的概念吧。实际上，我觉得所谓运气这种纯概率的东西，在每个人的一生中基本是守恒的。如果真有运气，它也不会平白无故地砸在一个每天只是坐等奇迹发生的人身上，它一定会优先选择那些愿意使尽浑身力气跳起来抓住它的人们。如果只是空手坐等，运气永远都不会来；只有你先主动做些什么，它才可能会在不经意间悄然而至。你如果什么都还没做，那么就算机会和运气砸在你头上，你也还是接不住，不是吗？

人脑每次浮现一个想法时，大脑皮层就会有电信号产生。消极思维会让大脑的深层边缘系统活动异常，这些激烈的脑反应继而会对你的身体造成相应的影响，比如手掌冰凉、心跳加速、呼吸变浅、肌肉紧张等。相反，积极健康的思维会使大脑深层边缘系统活动相对平静，你的身体便会产生和以上状况相反的反应。这就说明，虽然思维是一种意识层面的存在，但它的确会对你的行为和情绪造成影响，而这些相应的行为和情绪都是外人可以感知得到的。

　　这就是为什么一个思维消极的人无论走到哪里，都会像一片黑压压的乌云一样，给外界带来一丝压抑的气氛。试想，人们到底会想和快乐阳光的人一起共事，还是和消极悲观的人一起郁闷呢？因此，所谓的"物以类聚，人以群分"的确是真实存在的现象。你是怎样的人，就会遇到怎样的人；你想要遇到怎样的人，就要先把自己变成那样。如果觉得自己一直以来都很倒霉，从来不被幸运女神眷顾的话，那可能真的要从自身寻找原因了。

　　不要再觉得自己渺小无力，每个人都是从渺小无力逐渐变强大的。就好比每个游戏开场的第一幕都是等级一，你只有反复杀怪才能增加经验值，最终才能有实力PK终极老怪。你不可能在经验值极低的情况下去直接对战终极老怪，那样的结果只可能是被对方秒杀。这样简单的道理人们都知道，可在现实生活中，为什么人们却总希望通过做最少的努力来得到最多的回报呢？在游戏里，如果你真的通关了，那真不是因为运气好，只是因为你耐心地一关关打过去了。现实中也是一样：你如果也有这个耐心一天天走下去，最后一定能实现你的梦想。等梦想真的实现了，不用担心，那也不是因为你运气好，而只是因为你一直以来的奋斗和付出让你变得值得。

　　所以，不再企盼被幸运女神眷顾，转而相信每一天的踏实付出，这是我奋斗这么久以来最大的成长感悟。每当我全心全意地付出努力时，就会发现我果然变得更加幸运了。抓住每个机会，用踏实认真的心态对待每一件事，你过去所做的一切早晚会有被认可的一天。

　　相信，当未来到来之时，一切自有答案。

彩 蛋 时 刻

扫描二维码，输入通关密码，
收下一份特殊礼物吧！